FORSCHUNGSBERICHTE
DES WIRTSCHAFTS- UND VERKEHRSMINISTERIUMS
NORDRHEIN-WESTFALEN

Herausgegeben von Staatssekretär Prof. Leo Brandt

Nr. 86

Prof. Dr.-Ing. H. Opitz, Aachen

Untersuchungen über das Fräsen von Baustahl sowie über den Einfluß des Gefüges auf die Zerspanbarkeit

Als Manuskript gedruckt

SPRINGER FACHMEDIEN WIESBADEN GMBH

ISBN 978-3-663-03297-7   ISBN 978-3-663-04486-4 (eBook)
DOI 10.1007/978-3-663-04486-4

Forschungsberichte des Wirtschafts- und Verkehrsministeriums Nordrhein-Westfalen

Gliederung

Einführung . . . . S. 4

A. Fräsen von Stahl mit Hartmetall . . . . S. 5
    I. Einleitung . . . . S. 5
    II. Versuchswerkstoffe . . . . S. 6
    III. Meßgrößen S.12
    IV. Versuchsdurchführung S.16
    V. Versuchsergebnisse S.24
    VI. Zusammenfassung S.33

B. Gewindefräsen mit Hartmetall S.36
    I. Einleitung S.36
    II. Meßgrößen und -verfahren S.38
    III. Das Werkzeug S.42
    IV. Versuchsdurchführung und -ergebnisse S.44
    V. Entwurf eines Sonderwerkzeuges auf Grund der
        Versuchsergebnisse S.59
    VI. Zusammenfassung S.62

C. Der Einfluß der Korngröße auf die Drehbarkeit von unlegiertem Einsatzstahl S.63
    I. Einleitung S.63
    II. Versuchswerkstoffe S.64
    III. Meßgrößen S.70
    IV. Versuchsdurchführung S.72
    V. Versuchsergebnisse S.73
    VI. Zusammenfassung S.91

D. Literaturverzeichnis . . . . S 94

Forschungsberichte des Wirtschafts- und Verkehrsministeriums Nordrhein Westfalen

E i n f ü h r u n g

Die vorliegende Untersuchung erstreckt sich einmal auf das Fräsen von Baustahl mit Hartmetall-Werkzeugen. Sie wurde über das Fräsen mit Planmesserköpfen hinaus auch auf das Verfahren des Gewindefräsens ausgedehnt. Zum anderen wurde im Drehvorgang von den Einflüssen der Gefügeausbildung die Auswirkung unterschiedlicher Korngröße auf die Zerspanbarkeit untersucht.

Forschungsberichte des Wirtschafts- und Verkehrsministeriums Nordrhein Westfalen

A. Fräsen von Stahl mit Hartmetall

I. Einleitung

Das Fräsen von Stahl mit Hartmetall hat infolge der Eigenart dieses Schneidstoffes erst zu einem wesentlich späteren Zeitpunkt Eingang in die Praxis gefunden als das Drehen mit Hartmetallwerkzeugen. Hartmetalle verbinden mit einer sehr hohen Dauerwarmhärte, die an und für sich hohe Schnittgeschwindigkeiten und erhebliche Spanleistungen ermöglicht, eine verhältnismäßig niedrige Zähigkeit. Infolgedessen sind sie empfindlich gegen Stoßbeanspruchungen und Schnittkraftschwankungen, die gerade beim Fräsen verfahrensmäßig bedingt sind. Gegenüber einschneidigen Werkzeugen aber bietet der vielschneidige Fräser den Vorteil einer um ein Mehrfaches größeren Spanleistung in der Zeiteinheit, wobei gleichzeitig die mit Hartmetall möglichen hohen Schnittgeschwindigkeiten beste Oberflächenbeschaffenheit ergeben[4].

Die Wirtschaftlichkeit des Fräsens mit Hartmetall ist, wie die jedes anderen Bearbeitungsverfahrens, an die Voraussetzung gebunden, daß bei ausreichender Spanleistung in der Zeiteinheit wirtschaftliche Standzeiten der Werkzeuge erreicht werden. Aus den eingangs erwähnten Gründen spielen hierbei die Auftreffbedingungen, unter denen das einzelne Messer eines Hartmetall-bestückten Fräsers auf das Werkstück auftrifft, eine überaus wichtige Rolle. Die Frage nach den günstigsten Auftreffbedingungen und im Zusammenhang damit die Frage nach den günstigsten Arbeitswinkeln war im Ausland Gegenstand ausgedehnter Versuchsreihen[1,3]. In Deutschland hat sich gerade das Laboratorium für Werkzeugmaschinen und Betriebslehre der Rhein.-Westf. Technischen Hochschule Aachen in großem Umfang mit diesen Fragen befaßt und für eine Anzahl von deutschen Baustählen und Gußeisensorten Richtwerte aufgestellt[5]. Hierüber wurde schon in dem Forschungsbericht des Wirtschafts- und Verkehrsministeriums Nordrhein-Westfalen, Nr. 11, "Untersuchung über Metallbearbeitung im Fräsvorgang mit Hartmetallwerkzeugen und negativem Spanwinkel" berichtet. Nicht minder wichtig wie die Auftreffbedingungen sind für die Standzeit die Schnittbedingungen: Schnittgeschwindigkeit, Vorschub und Spantiefe. Aber gerade bezüglich der anwendbaren Schnittgeschwindigkeiten und Vorschübe, sowie bezüglich der erreichbaren Standzeiten, herrscht in der Praxis noch vielfach große Unsicherheit. Abbildung 1 zeigt eine ausführliche Gegenüberstellung von Richtwerten, wie sie von verschiedenen Firmen für das Fräsen mit Hartmetall empfohlen werden und läßt insbesondere bei den Schnittgeschwindigkeiten große Unterschiede in den Angaben erkennen.

Die vorliegende Untersuchung hatte deshalb zum Ziel, Richtwerte für das Fräsen von unlegierten Baustählen zu ermitteln, unter gleichzeitiger Berücksichtigung der Zusammensetzung und der Erschmelzungsart.

II. Versuchswerkstoffe

Für die Versuche wurden von den Hüttenwerken Oberhausen 6 Baustähle verschiedener Zusammensetzung und Erschmelzungsart geliefert, die in Tabelle 1 zusammengestellt sind.

Die Festigkeitseigenschaften der Versuchswerkstoffe sind in Tabelle 2 wiedergegeben.

Die Werkstoffe wurden in Platinen von 650 mm Länge x 120 mm Breite x 30 mm Dicke angeliefert und vor Aufnahme der Versuche metallographisch untersucht.

Die Abbildungen 2 - 13 zeigen jeweils das Gefüge und den Einschlußgehalt der verschiedenen Werkstoffe.

Die Stähle I und II weisen entsprechend ihrem sehr geringen Kohlenstoffgehalt (0,03 bzw. 0,04 % C) ein praktisch rein ferritisches Gefüge auf (Abbildung 2 und 4). Die Korngröße ist bei beiden Stählen nicht ganz einheitlich, es finden sich neben sehr großen auch feine Körner. Während der Einschlußgehalt des Stahles I als normal zu bezeichnen ist (s. Abbildung 3), weist der Stahl II entsprechend seinem sehr hohen Schwefelgehalt und dem gegenüber der Stahl I erhöhten Mangangehalt zahlreiche grobe Mangansulfideinschlüsse auf, die in Walzrichtung verformt sind (Abbildung 5).

Die Gefüge der Stähle II und IV mit 0,05 und 0,06 % C zeigen neben einem ziemlich gleichmäßigen Ferritkorn von etwas erhöhter Größe bereits kleine Perlitkörner neben Perlitausscheidungen an den Grenzen der Ferritkörner (Abbildung 6 und 8). Der Einschlußgehalt ist bei dem Stahl III (Abbildung 7) entsprechend seinem geringen Gehalt an Phosphor und Schwefel etwas geringer als bei dem Stahl IV (Abbildung 9), der eine normale Menge und Verteilung der Einschlüsse aufweist.

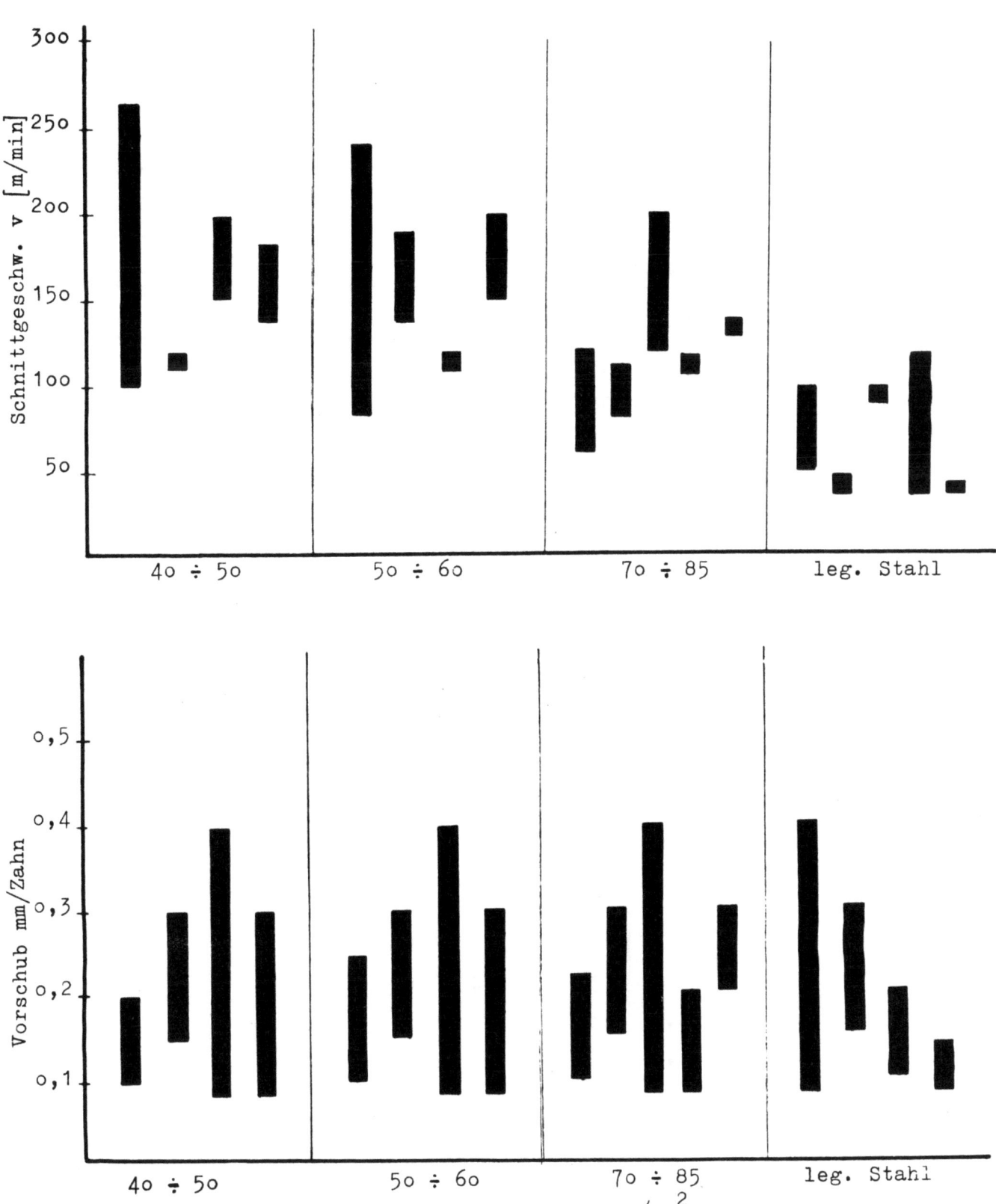

Abbildung 1

In der Praxis angewendete Schnittgeschwindigkeiten und Vorschübe
in Abhängigkeit von der Festigkeit des Materials

Tabelle 1

Zusammensetzung der Versuchswerkstoffe u. Erschmelzungsart

Bez.	Legierungselemente (Gehalt in %)						Bemerkungen
	C	Si	Mn	P	S	N	
I	0,03		0,27	0,032	0,022	0,007	mit O_2 erblasen
II	0,04		0,45	0,048	0,232	0,006	windgefrischt
III	0,05		0,31	0,01	0,015	0,006	mit O_2 erblasen
IV	0,06		0,45	0,023	0,022	0,008	windgefrischt
V	0,11		0,85	0,02	0,164	0,006	mit erhöhtem Mn u.S Geh.
VI	0,44	0,24	0,65	0,052	0,027	0,01	mit Si beruhigt

Tabelle 2

Festigkeitseigenschaften der Versuchswerkstoffe

Bez.	σ_s	σ_B	δ_5	ψ	HV20
	Kg/mm^2	Kg/mm^2	%	%	Kg/mm^2
I	22,2	36	36,2	64	100
II	20,3	34,6	34,8	56	103
III	22	37	37,4	65	106
IV	23,3	38	32,5	34	108
V	24,9	45	34	52	129
VI	41	60	19,8	38	171

Forschungsberichte des Wirtschafts- und Verkehrsministeriums Nordrhein Westfalen

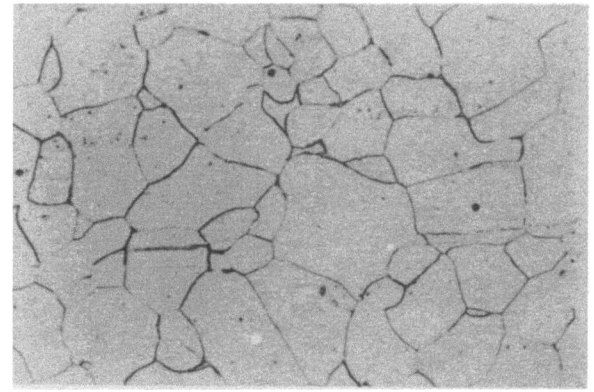

A b b i l d u n g   2
Gefüge des Stahles I (0,03 % C)
Ätzung: alkoh. Salpetersäure
Vergrößerung: 100 : 1

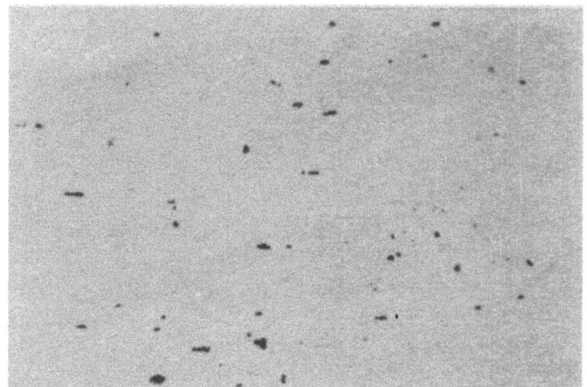

A b b i l d u n g   3
Einschlußgehalt des Stahles I
(0,03 % C) ungeätzt
Vergrößerung: 100 : 1

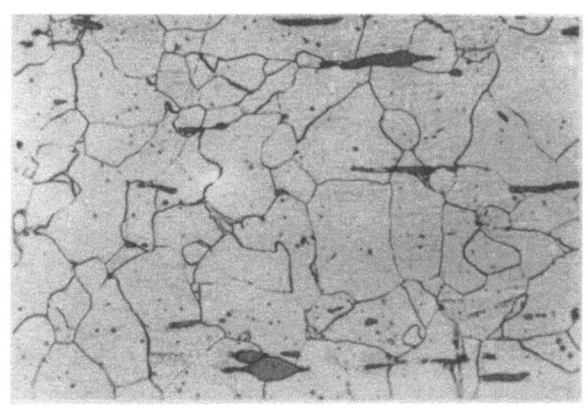

A b b i l d u n g   4
Gefüge des Stahles II (0,04 % C)
Ätzung: alkoh. Salpetersäure
Vergrößerung: 100 : 1

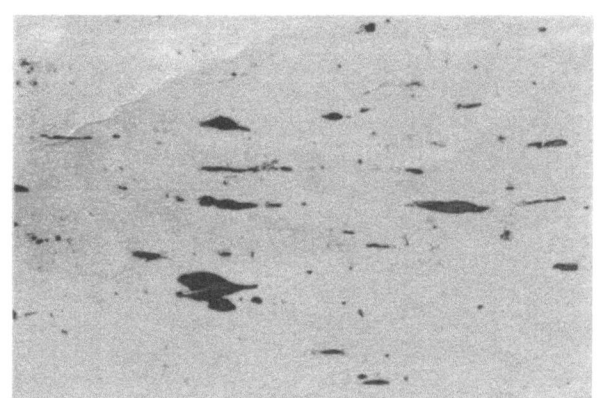

A b b i l d u n g   5
Einschlußgehalt des Stahles II
(0,04 % C) ungeätzt
Vergrößerung: 100 : 1

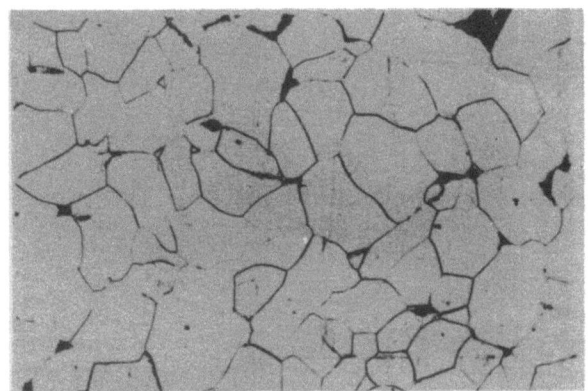
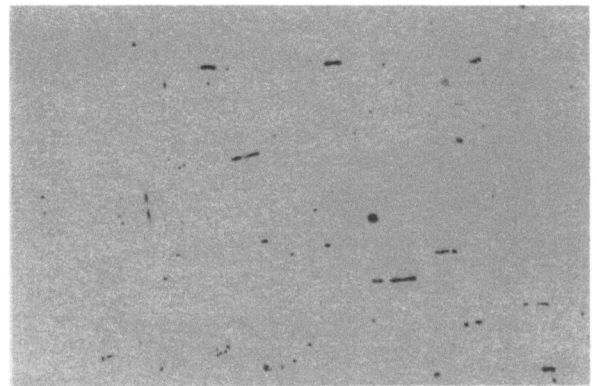

A b b i l d u n g   6
Gefüge des Stahles III (0,05 % C)
Ätzung: alkoh. Salpetersäure
Vergrößerung: 100 : 1

A b b i l d u n g   7
Einschlußgehalt des Stahles III
(0,05 % C) ungeätzt
Vergrößerung: 100 : 1

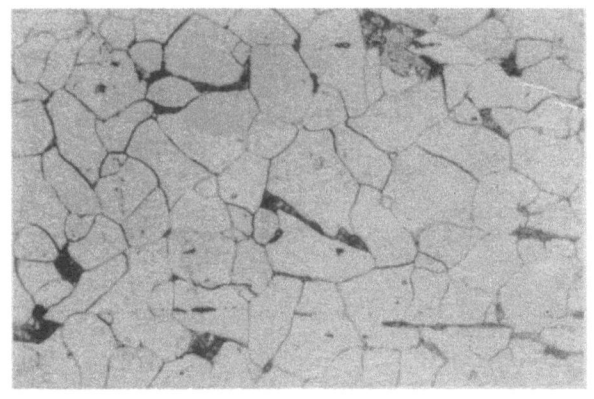
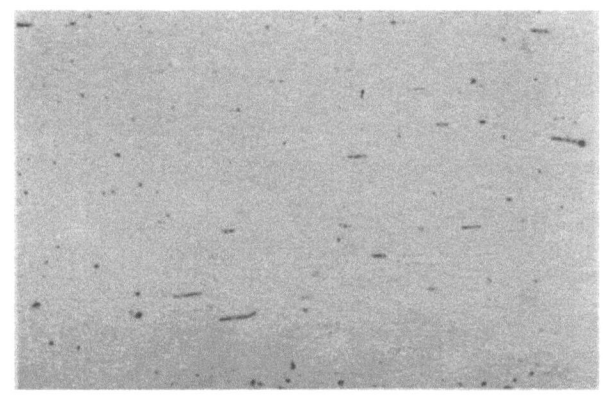

A b b i l d u n g   8
Gefüge des Stahles IV (0,06 % C)
Ätzung: alkoh. Salpetersäure
Vergrößerung: 100 : 1

A b b i l d u n g   9
Einschlußgehalt des Stahles IV
(0,06 % C) ungeätzt
Vergrößerung: 100 : 1

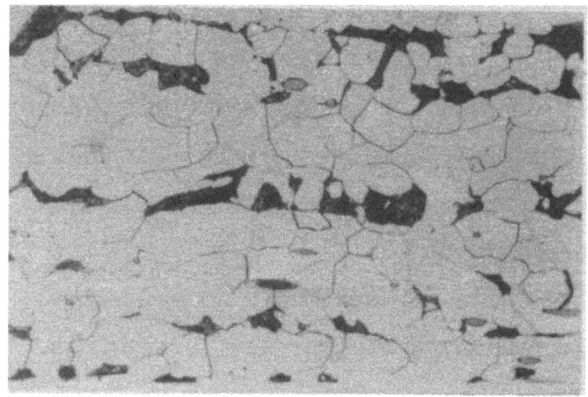

Abbildung 10
Gefüge des Stahles V (0,11 % C)
Ätzung: alkoh. Salpetersäure
Vergrößerung: 100 : 1

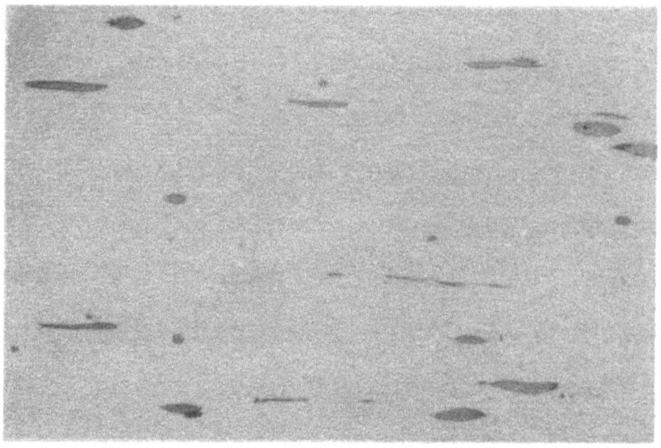

Abbildung 11
Einschlußgehalt des Stahles V
(0,11 % C) ungeätzt
Vergrößerung: 100 : 1

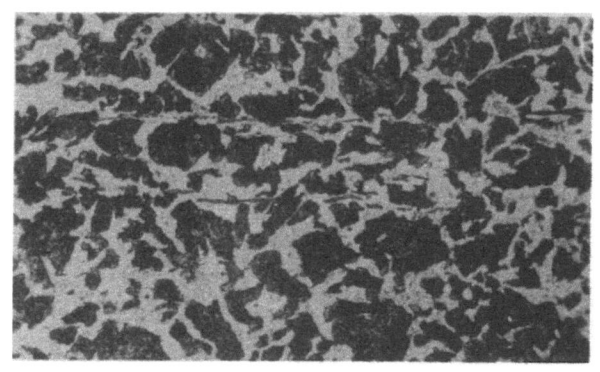
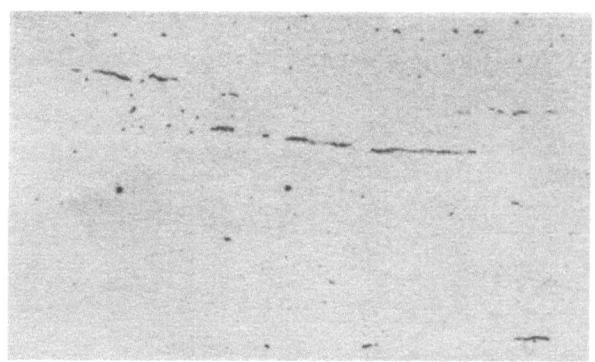

Abbildung 12
Gefüge des Stahles VI (0,44 % C)
Ätzung: alkoh. Salpetersäure
Vergrößerung: 100 : 1

Abbildung 13
Einschlußgehalt des Stahles VI
(0,44 % C) ungeätzt
Vergrößerung: 100 : 1

Der Versuchswerkstoff V (0,11 % C) hat ein ferritisch-lamellarperlitisches Zeilengefüge, d.h. die Ferrit- und Perlitkörner sind zeilenförmig nebeneinander angeordnet (Abbildung 10). Die Körner sind etwas kleiner und gleichmäßiger als bei den Stählen I bis IV. Entsprechend seinem hohen Mangan- und Schwefelgehalt weist auch der Stahl V zahlreiche große Mangansulfidausscheidungen auf (Abbildung 11). Der Stahl VI mit 0,44 % C besitzt ein sehr gleichmäßiges lamellar-perlitisch-ferritisches Gefüge mittlerer Korngröße (Abbildung 12). Menge und Verteilung der Einschlüsse sind als normal anzusehen (Abbildung 13).

Sämtliche Gefügebilder zeigen Durchschnittsgefüge. Größere Abweichungen davon konnten nicht festgestellt werden.

III. Meßgrößen

Für die Beurteilung der Zerspanbarkeit verschiedener Werkstoffe oder der Schneidhaltigkeit der Werkzeuge kommt dem Werkzeugverschleiß die größte Bedeutung zu. OPITZ und WEBER[6,7] haben am Beispiel des Drehvorganges gezeigt, daß zur Kennzeichnung der Schneidfähigkeit des Werkzeuges die Erfassung des Freiflächenverschleißes allein nicht genügt, wie es bisher

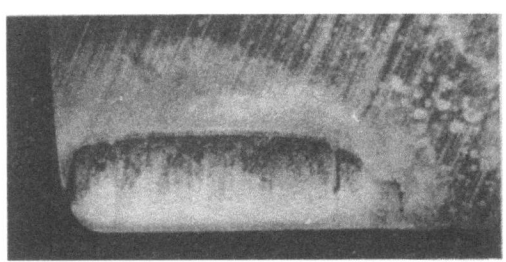
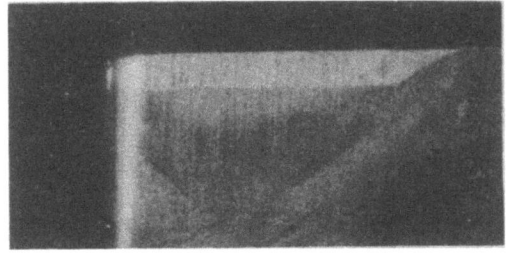

Abbildung 14
Kolk- und Freiflächenverschleiß am Drehmeißel

in der klassischen Zerspanungstechnik üblich war. Um zu einer umfassenden Aussage zu kommen, muß vielmehr auch der Verschleiß auf der Spanfläche des Werkzeuges mit herangezogen werden.

Auf der Spanfläche tritt der Verschleiß in zwei grundlegend verschiedenen Formen auf, einmal als Kolkverschleiß und zum anderen Mal als Spanflächenverschleiß (Abbildung 15). Der Spanflächenverschleiß wirkt sich als Versetzung der Schneidkante aus und wird in der vorliegenden Untersuchung als Kantenversetzung von der Spanfläche aus (KV_{Sp}) bezeichnet.

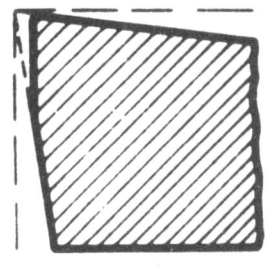

a) Freiflächen-   b) Kolkverschleiß   c) Spanflächen-
    verschleiß   (Kolkung)   verschleiß

Schnitt senkrecht zur Schneidkante in Ebene N ÷ N

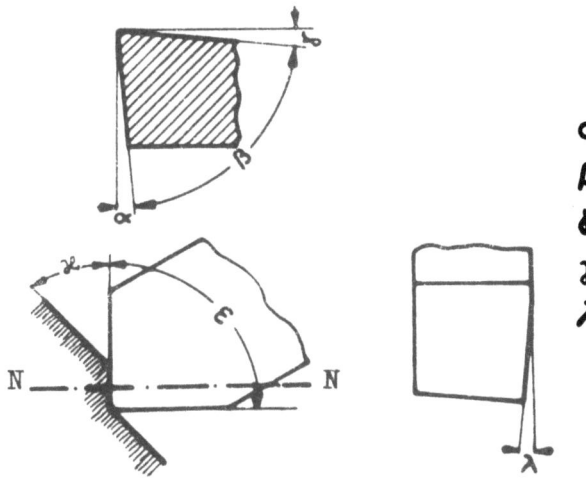

α = Freiwinkel
β = Keilwinkel
γ = Spanwinkel
$\varkappa$ = Einstellwinkel
λ = Neigungswinkel

A b b i l d u n g   15
Verschleißformen beim Drehen

Bei Kolkverschleiß bildet sich in einigem Abstand von der Schneidkante eine Verschleißmulde, während der Verschleiß im Bereich der Schneidkante relativ gering bleibt.

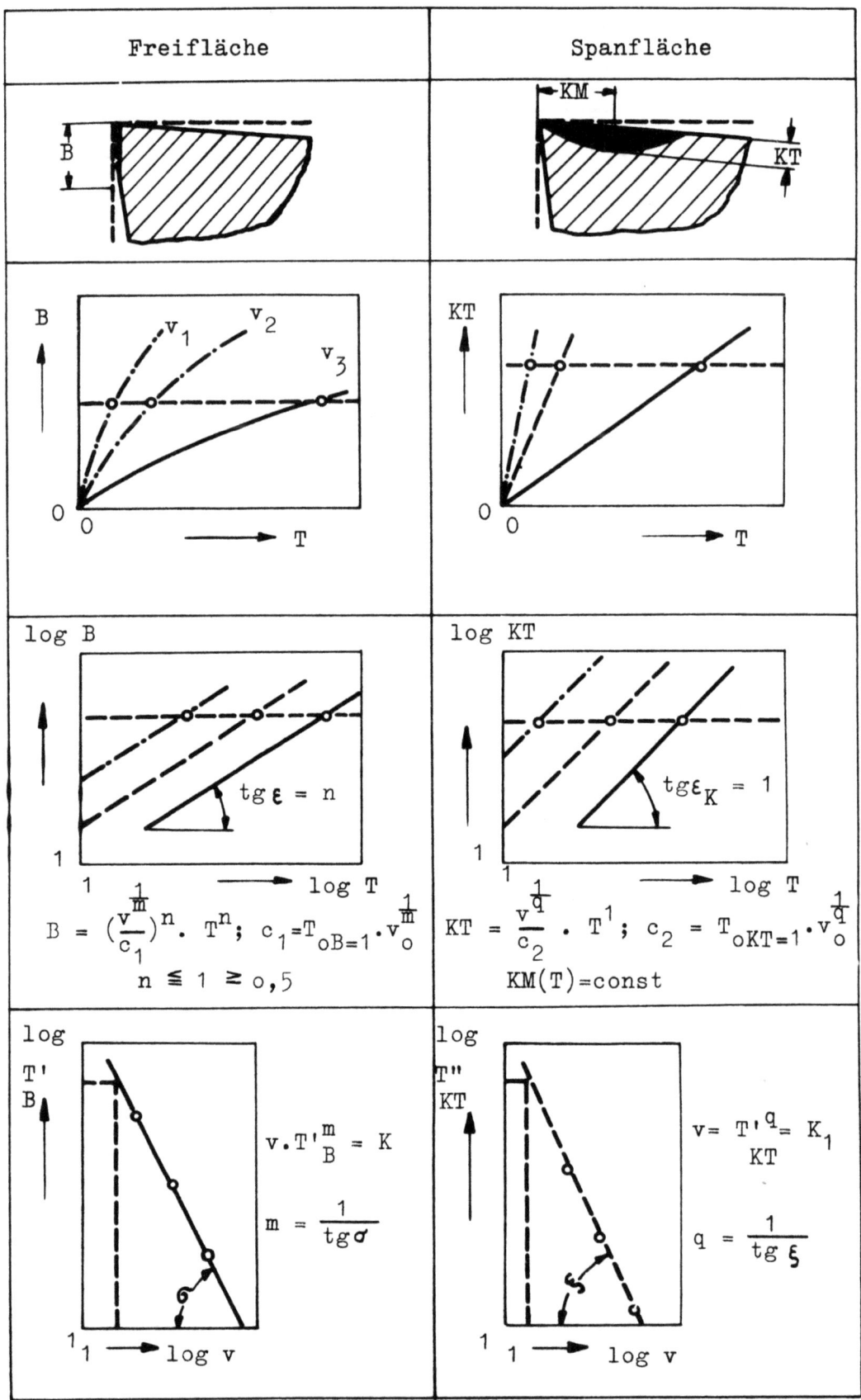

Abbildung 16
Empirische Gesetze für Kolk- und Freiflächenverschleiß

Ein entgegengesetztes Verhalten zeigt der Spanflächenverschleiß. Hierbei ist der Verschleiß an der Schneidkante am stärksten und nimmt zur Spanfläche hin stetig ab.

Bezüglich der Gesetzmäßigkeiten von Spanflächen-, Kolk- und Freiflächenverschleiß muß hier auf die oben genannten Arbeiten von OPITZ und WEBER[6,7] verwiesen werden. Abbildung 16 zeigt nur noch einmal schematisch die empirischen Gesetzmäßigkeiten für den Kolk- und Freiflächenverschleiß.

Kolk- und Freiflächenverschleiß sind für das Standzeitverhalten am wichtigsten. Insbesondere sind es Lage und Tiefe der Auskolkung, die das Ende der Standzeit eines Werkzeuges bedingen, da sie zusammen ein Maß für die Verringerung des Keilwinkels und damit für die Schwächung der Schneide bilden. Gerade beim Fräsen, wo zu den durch die Spanbildung bedingten Belastungen der Schneide noch erhebliche stoßartige Beanspruchungen infolge der Schnittunterbrechungen hinzutreten, kommt deshalb dem Kolkverschleiß eine überragende Bedeutung zu (Abbildung 17).

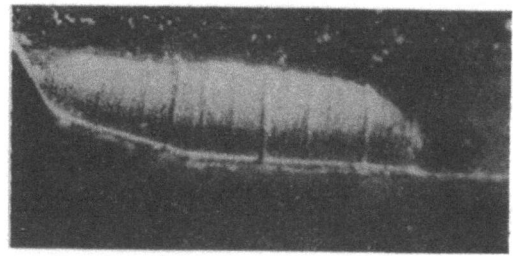

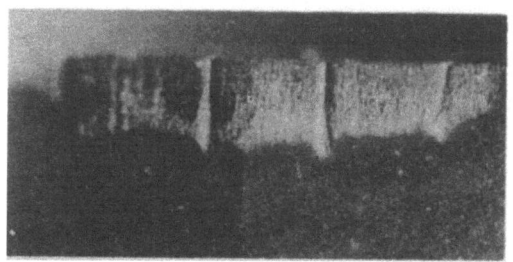

A b b i l d u n g 17
Kolk- und Freiflächenverschleiß
am Fräsmesser

In der vorliegenden Untersuchung wurde deshalb zur Erfassung der Schneidfähigkeit der Fräswerkzeuge einmal der Freiflächenverschleiß - in bekannter

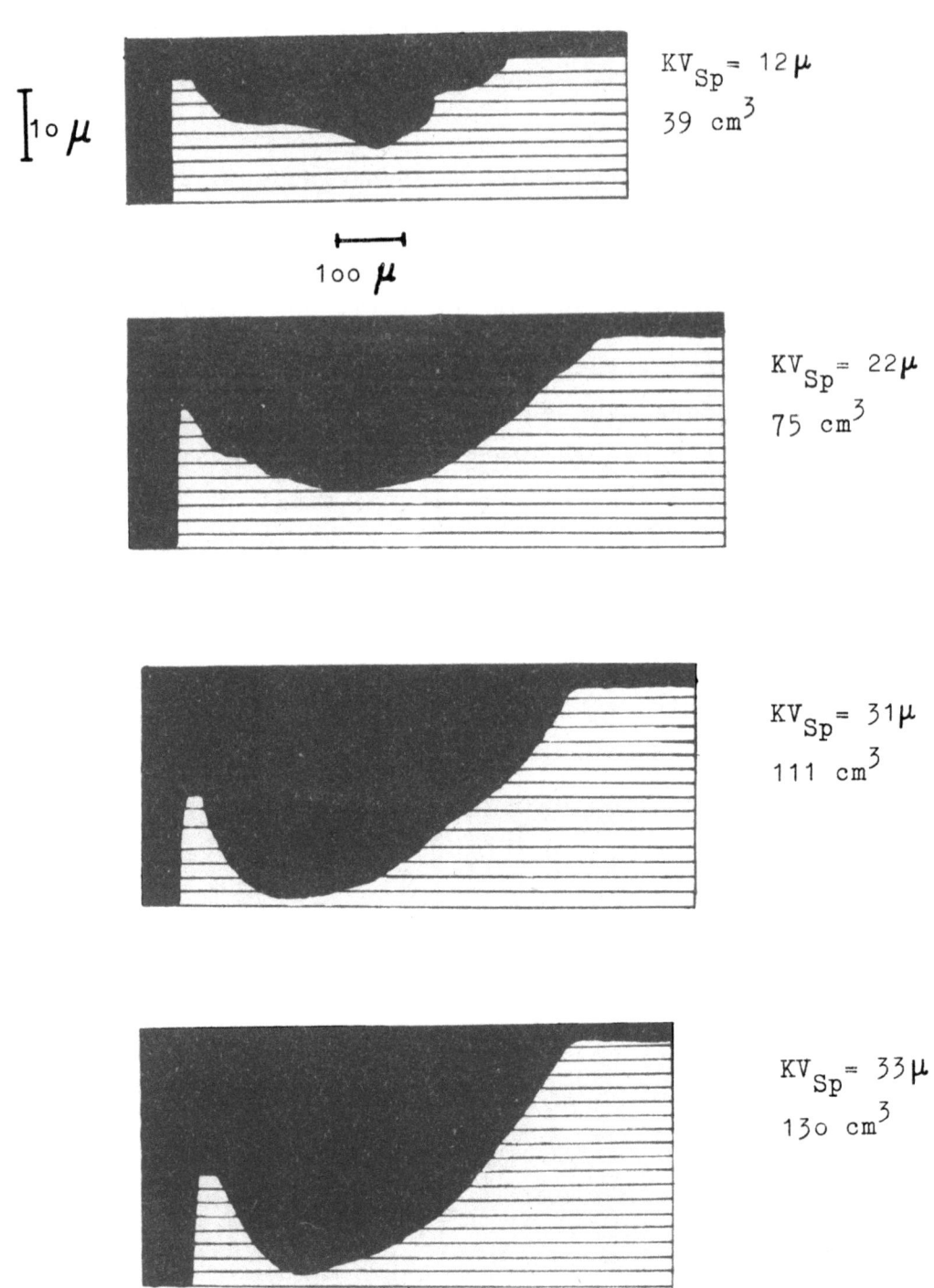

Abbildung 18
Kolkverschleiß in Abhängigkeit vom zerspanten
Volumen bei Werkstoff IV
$v = 554$ m/min $a \cdot s_z = 3 \cdot 0,1$ mm^2

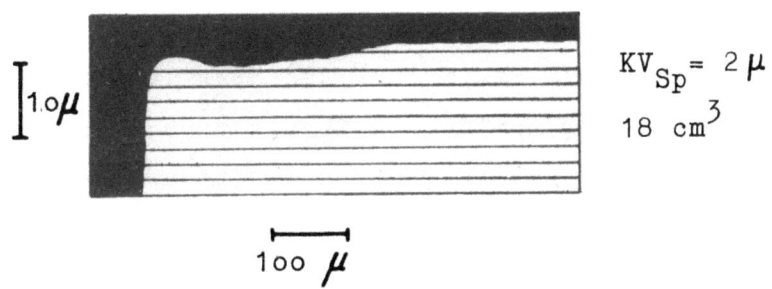

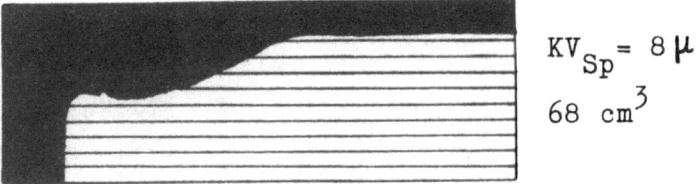

Abbildung 19

Kantenversetzung in Abhängigkeit vom zerspanten
Volumen bei Werkstoff II

$v = 554$ m/min   a $s_z = 3 \cdot 0,1$ mm^2

Forschungsberichte des Wirtschafts- und Verkehrsministeriums Nordrhein-Westfalen

Weise mit einem Meßmikroskop gemessen- und zum anderen der Verschleiß auf der Spanfläche herangezogen. Die Ermittlung des Spanflächen- und Kolkverschleißes erfolgte auf dem Oberflächenmeßgerät nach Forster-Leitz. Die Abbildungen 18 und 19 zeigen Forsteraufnahmen vom Kolkverschleiß bei dem Versuchswerkstoff IV und von der Schneidkantenversetzung bei dem Versuchswerkstoff II nach dem Fräsen verschiedener Volumina.

IV. Versuchsdurchführung

Die Versuche wurden als Langzeitversuche auf der Heller-Produktionsfräsmaschine FH 120 durchgeführt (Abbildung 20). Mit Rücksicht auf den Aufwand an Versuchswerkstoff und -werkzeug erfolgten die Standzeitversuche an den verschiedenen Werkstoffen im Einzahnfräsverfahren und mit einer Hartmetallsorte (L 1). Sie wurden teilweise so lange fortgesetzt, bis die ersten größeren Ausbrüche am Werkzeug auftraten. Zur Überprüfung der Reproduzierbarkeit wurde jeder Versuch zweimal gefahren und Streuungen einzelner Versuchspunkte durch weitere Stichversuche überprüft. Dabei ergab sich eine gute Übereinstimmung der verschiedenen Versuchspunkte in einem Streuband von $\pm 5 \%$. Die Versuche wurden für jeden Werkstoff bei vier verschiedenen Schnittgeschwindigkeiten durchgeführt und zwar:

$$v_1 = 111 \text{ m/min}$$
$$v_2 = 222 \text{ m/min}$$
$$v_3 = 350 \text{ m/min}$$
$$v_4 = 554 \text{ m/min}$$

Der Vorschub pro Zahn s_z und die Schnittiefe a war bei allen Versuchen konstant $a \cdot s_z = 3 \cdot 0,1 \text{ mm}^2$.

Als Versuchswerkzeuge dienten Messerköpfe der Firma Montanwerke WALTER mit einem Schnittkreisdurchmesser von 250 mm. Die Anzahl der Messer betrug z = 10. Im Versuch waren die Messerköpfe vollständig bestückt, jedoch waren 9 Messer soweit in den Messerkopfkörper zurückgezogen, daß nur ein Messer in Eingriff kam. Die Arbeitswinkel am Fräswerkzeug ergaben sich aus der Stellung der Messer im Messerkopf (Abbildung 21a) bei einem

$$\text{Axialwinkel} \quad \gamma a = + 2°45'$$
$$\text{Radialwinkel} \quad \gamma r = + 5° \quad \text{und}$$
$$\text{Einstellwinkel} \quad \varkappa = 60°$$

Abbildung 20
Heller Fräsmaschine FH 120 mit Walter-Messerkopf

nach KRONENBERG[2] für den wahren Spanwinkel γ_w und den Neigungswinkel λ
aus den Gleichungen

(1) $\operatorname{tg} \gamma_w = \operatorname{tg} \gamma_r \cdot \sin \varkappa + \operatorname{tg} \gamma_a \cdot \cos \varkappa$
(2) $\operatorname{tg} \lambda = \operatorname{tg} \gamma_r \cdot \cos \varkappa - \operatorname{tg} \gamma_a \cdot \sin \varkappa$

zu einem wahren Spanwinkel $\gamma_w = + 5°45'$ und einem

Neigungswinkel $\lambda = 0°$.

Um den Anschluß an frühere Arbeiten des Laboratoriums für Werkzeugmaschinen und Betriebslehre zu gewinnen, wurden die übrigen Arbeitswinkel

Fasenwinkel $\gamma_F = - 5°$
Freiwinkel $\alpha_1 = 6°$
$\alpha_2 = 12°$ gewählt.

Die Breite der Fase betrug b = 0,3 mm.

Die Bestimmung der Arbeitsbedingungen - Auftreffpunkt, Eindringzeit und Stoßfaktor - erfolgte ebenfalls nach KRONENBERG[2].

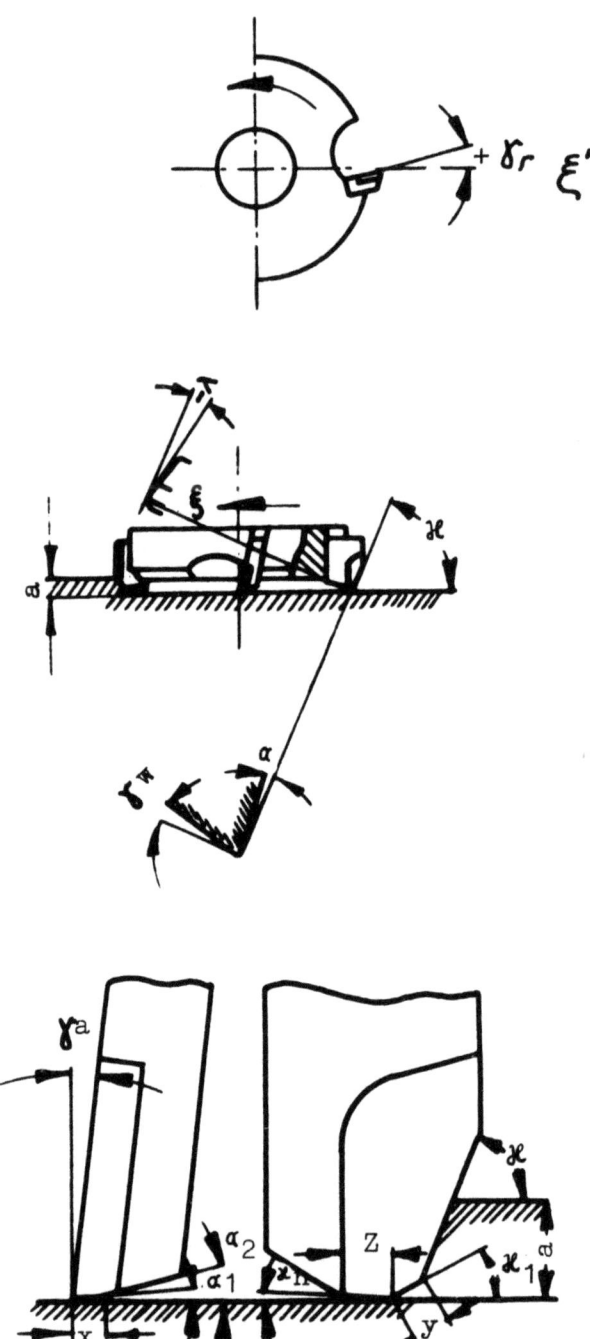

Abbildung 21a
Winkel am Messerkopf

ξ Bezugsebene, ξ' Spur der Bezugsebene, γ_r Radialwinkel, γ_w Spanwinkel, α Freiwinkel, λ Neigungswinkel, $\varkappa$, $\varkappa_1$ Einstellwinkel, $\varkappa_n$ Einstellwinkel der Nebenschneide, γ_a Achsialwinkel

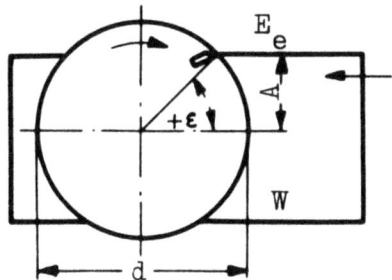

Abbildung 21 b

Bestimmung des Eingriffswinkels ε
Ee Eingriffsebene, ε Eingriffswinkel, d Durchmesser des Messerkopfes, W Werkstück, A senkrechter Abstand von Eingriffsebene bis Messerkopfachse

Tabelle 3

Ermittlung des Auftreffpunktes

Auftreffpunkt	Bedingungen		
S	$\gamma r > \varepsilon$	$(90-\varkappa) < i$	-
T	$\gamma r > \varepsilon$	$(90-\varkappa) > i$	-
U	$\gamma r < \varepsilon$	$(90-\varkappa) < i$	-
V	$\gamma r < \varepsilon$	$(90-\varkappa) > i$	-
ST	$\gamma r > \varepsilon$	$(90-\varkappa) = i$	-
UV	$\gamma r < \varepsilon$	$(90-\varkappa) = i$	-
SV	$\gamma r = \varepsilon$	$i = 90°$	$\gamma a = +$
TU	$\gamma r = \varepsilon$	$i = 90°$	$\gamma a = -$
STUV	$\gamma r = \varepsilon$	-	$\gamma a = 0$

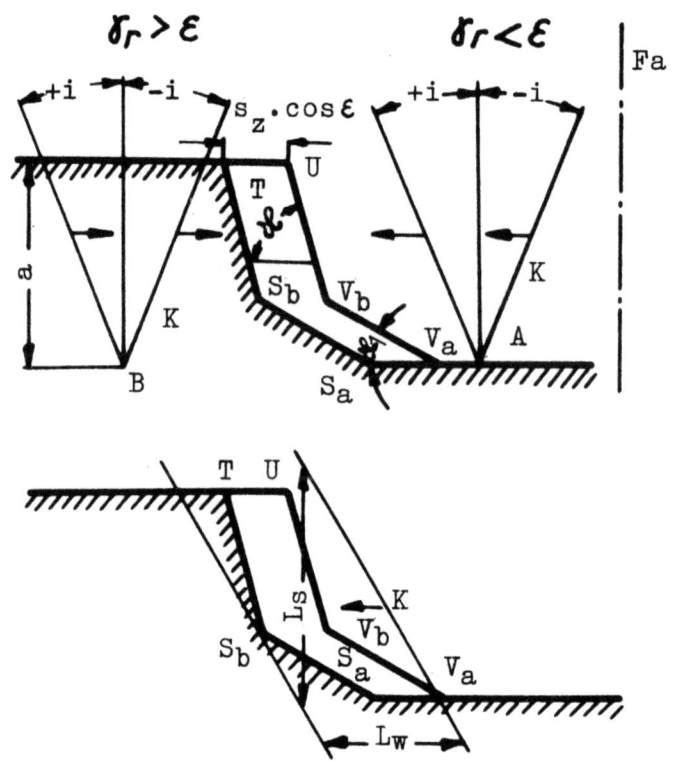

Abbildung 22

i Kennlinienwinkel; K Kennlinie; Fa Fräserachse; S_a, S_b, T, U, V_a, V_b, Auftreffpunkte; $\varkappa$, $\varkappa_1$ Einstellwinkel; $s_z \cdot \cos \varepsilon$ Vorschub pro Zahn mal $\cos \varepsilon$; A Bezugspunkt für $\gamma_r < \varepsilon$; B Bezugspunkt für $\gamma_r > \varepsilon$; a Schnitttiefe; L_w waagerechter Abstand der beiden Grenzkennlinien; L_s senkrechter Abstand der beiden Grenzkennlinien

Die Eindringzeiten T_E ergeben sich nach Gleichung:

$$(5) \quad T_E = \frac{0,06 \cdot L_w \cdot (tg\, \gamma r - tg\, \varepsilon)}{v} \quad [s]$$

$$(6) \quad T_E = \frac{0,06 \cdot Ls \cdot tg\, \gamma a}{v} \quad [s]$$

für v_1 = 111 m/min zu T_{E_1} = 47,3 · 10^{-6} (s)
v_2 = 222 m/min zu T_{E_2} = 23,65 · 10^{-6} (s)
v_3 = 350 m/min zu T_{E_3} = 16,42 · 10^{-6} (s)
v_4 = 554 m/min zu T_{E_4} = 10,4 · 10^{-6} (s)

Nach Gleichung

$$(7) \quad S = \frac{a \cdot S_z}{T_E} \quad (mm^2/s)$$

Forschungsberichte des Wirtschafts- und Verkehrsministeriums Nordrhein Westfalen

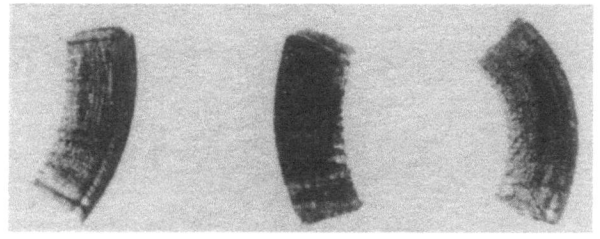

a v = 34 m/min

b v = 46 m/min

c v = 62 m/min

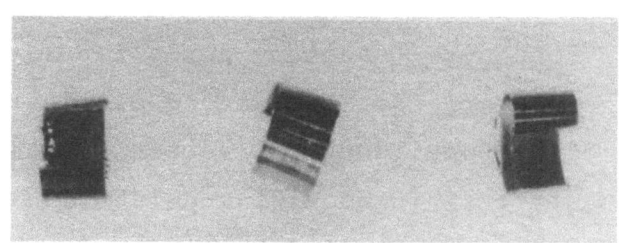

d v = 108 m/min

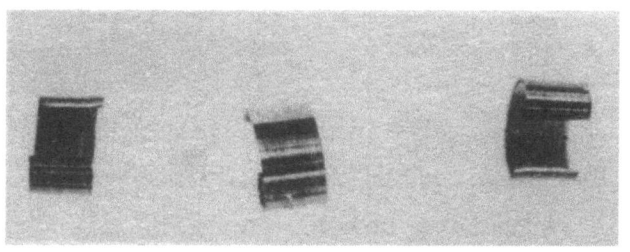

e v = 190 m/min

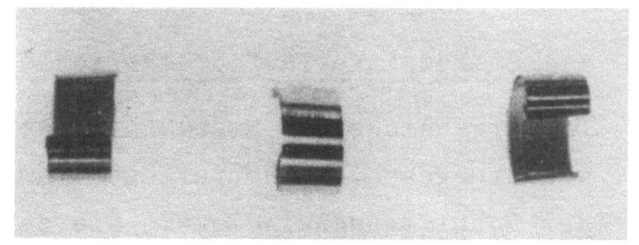

f v = 256 m/min

A b b i l d u n g 23
Spanbildung bei verschiedenen Schnittgeschwindigkeiten

Tabelle 3 gibt die Bedingungen für die Ermittlung des Auftreffpunktes wieder. Zur Bestimmung des Eingriffswinkels ε (Abbildung 21b) und des sogenannten Kennlinienwinkels i (Abbildung 22) gelten die Gleichungen:

$$(3) \quad \sin \varepsilon = \frac{2A}{d}$$

$$(4) \quad \operatorname{tg} i = \frac{\operatorname{tg} \gamma_a}{\operatorname{tg} \gamma_r - \operatorname{tg} \varepsilon}$$

Unter Berücksichtigung der negativen Spanwinkelfase $\gamma_F = -5°$ ergibt sich auf Grund der zeichnerischen Lösung nach Abbildung 22, bei einem Eingriffswinkel von $\varepsilon = -1°50'$ entsprechend einem Maß A = - 4 mm und einem Kennlinienwinkel i = 45° für die Auftreffbedingungen U-Kontakt.

ergeben sich die Stoßfaktoren für die vier Schnittgeschwindigkeiten zu

$$S_1 = 6330 \ (mm^2/s)$$
$$S_2 = 12660 \ (mm^2/s)$$
$$S_3 = 18250 \ (mm^2/s)$$
$$S_4 = 28800 \ (mm^2/s)$$

Diese Bedingungen wurden während der gesamten Versuchsdauer und für alle untersuchten Werkstoffe konstant gehalten.

Besondere Beachtung wurde der Spanbildung gewidmet. Als Beispiel für die Änderung der Spanbildung mit der Schnittgeschwindigkeit zeigt Abbildung 23 die Spanbildung bei verschiedenen Schnittgeschwindigkeiten für den Werkstoff VI (0,44 % C) und läßt den Übergang vom Fließspan zum Scherspan bei den niedrigeren Schnittgeschwindigkeiten erkennen.

V. Versuchsergebnisse

1. Standzeitverlauf und Verschleißformen

Die Ergebnisse der Standzeitversuche sind in den Abbildungen 24 bis 29 wiedergegeben. Im doppellogarithmischen System sind in Abhängigkeit von der Schnittgeschwindigkeit die zerspanten Volumina, sowohl für verschieden große Verschleißmarkenbreiten - z.B. VB = 0,2; 0,3; 0,4 (mm) usw. - als auch für verschiedene Kolktiefen, bzw. verschieden große Kantenversetzung, z.B. KT = 0,02; 0,03 0,04 (mm) bzw. KV_{Sp} = 0,02; 0,03 (mm) usw. - aufgetragen. Auf diese Weise ergeben sich Standzeitschaubilder, die das unterschiedliche Verhalten von Span- und Freiflächenverschleiß berücksichtigen.

Wie schon gesagt wurde, ist der absolut zulässige Verschleiß des Fräswerkzeuges durch den Kolk gegeben. So wurde z.B. für den Stahl V mit 0,11 % C als Grenze eine Kolktiefe von KT = 0,03 mm angenommen, die in Abbildung 28 als Grenzkurve für den Kolkverschleiß dick ausgezogen ist. Läßt man als Grenze für den Freiflächenverschleiß eine Verschleißmarkenbreite von 0,5 mm zu, so ergibt sich hierfür die dick ausgezogene Grenzkurve VB = 0,5 mm. Unterhalb dieser beiden Grenzkurven liegt dann der Bereich der wählbaren Schnittbedingungen. Im Schnittpunkt der KT- und VB-Grenzkurven ist das Werkzeug optimal ausgenutzt.

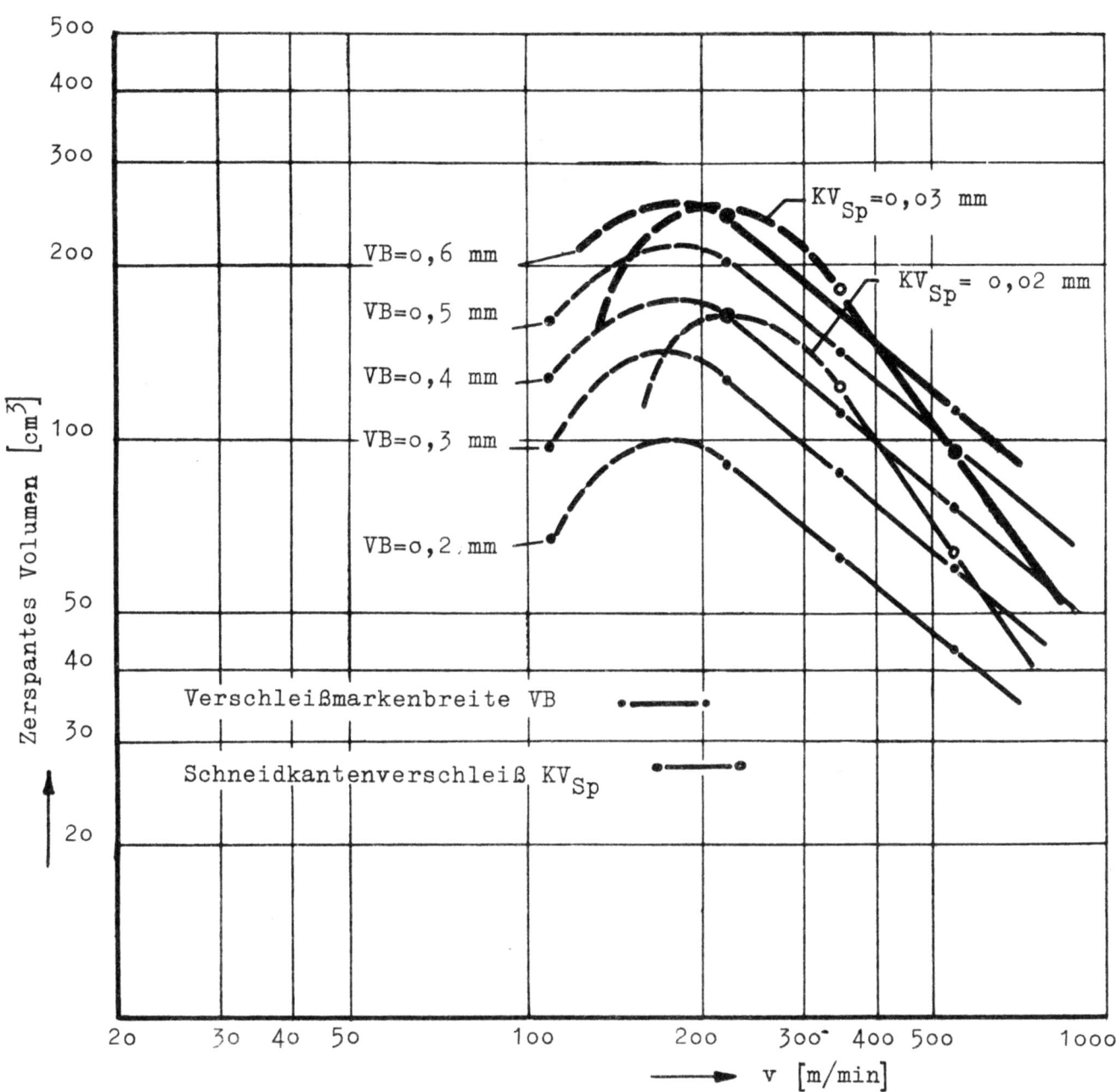

A b b i l d u n g 24

Zerspantes Volumen für Freiflächen- und Schneidkanten-Verschleiß in Abhängigkeit von der Schnittgeschwindigkeit beim Einzahnfräsen von unlegiertem Baustahl mit 0,03 C; σ_B= 36 kg/mm^2, Hartmetall: L 1; γ= -5°; $\varkappa$ = 60°; λ = 0°, s_z = 0,1 mm/Zahn; a = 3 mm

Bez. I

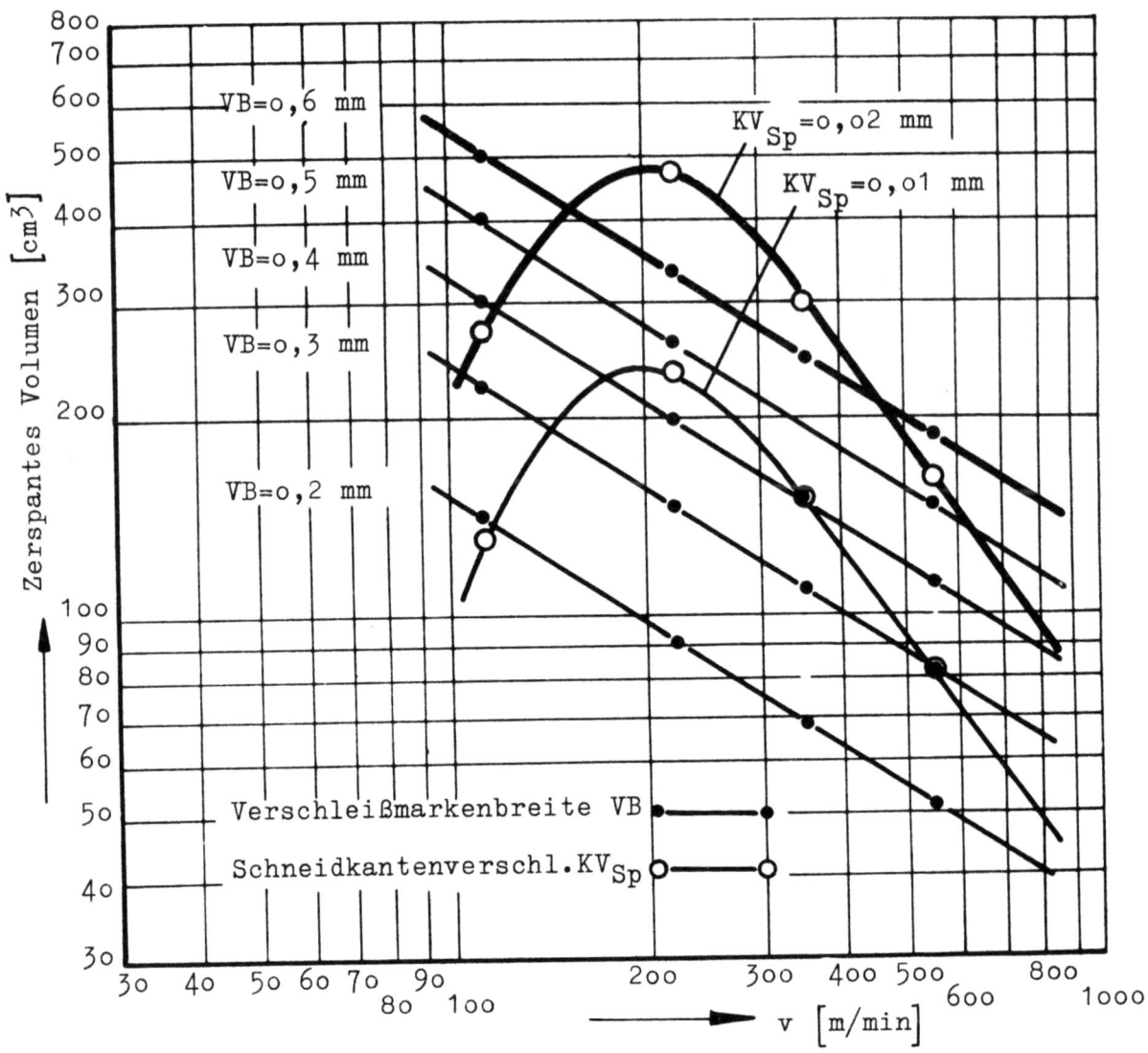

Abbildung 25

Zerspantes Volumen für Freiflächen- und Schneidkantenverschleiß in Abhängigkeit von der Schnittgeschwindigkeit beim Einzahnfräsen von unlegiertem Baustahl mit 0,04 % C; σ_B = 34,6 kg/cm^2, Hartmetall: L 1; γ = -5°; $\varkappa$ = 60°; λ = 0°, s_z = 0,1 mm/Zahn; a = 3 mm

Bez. II

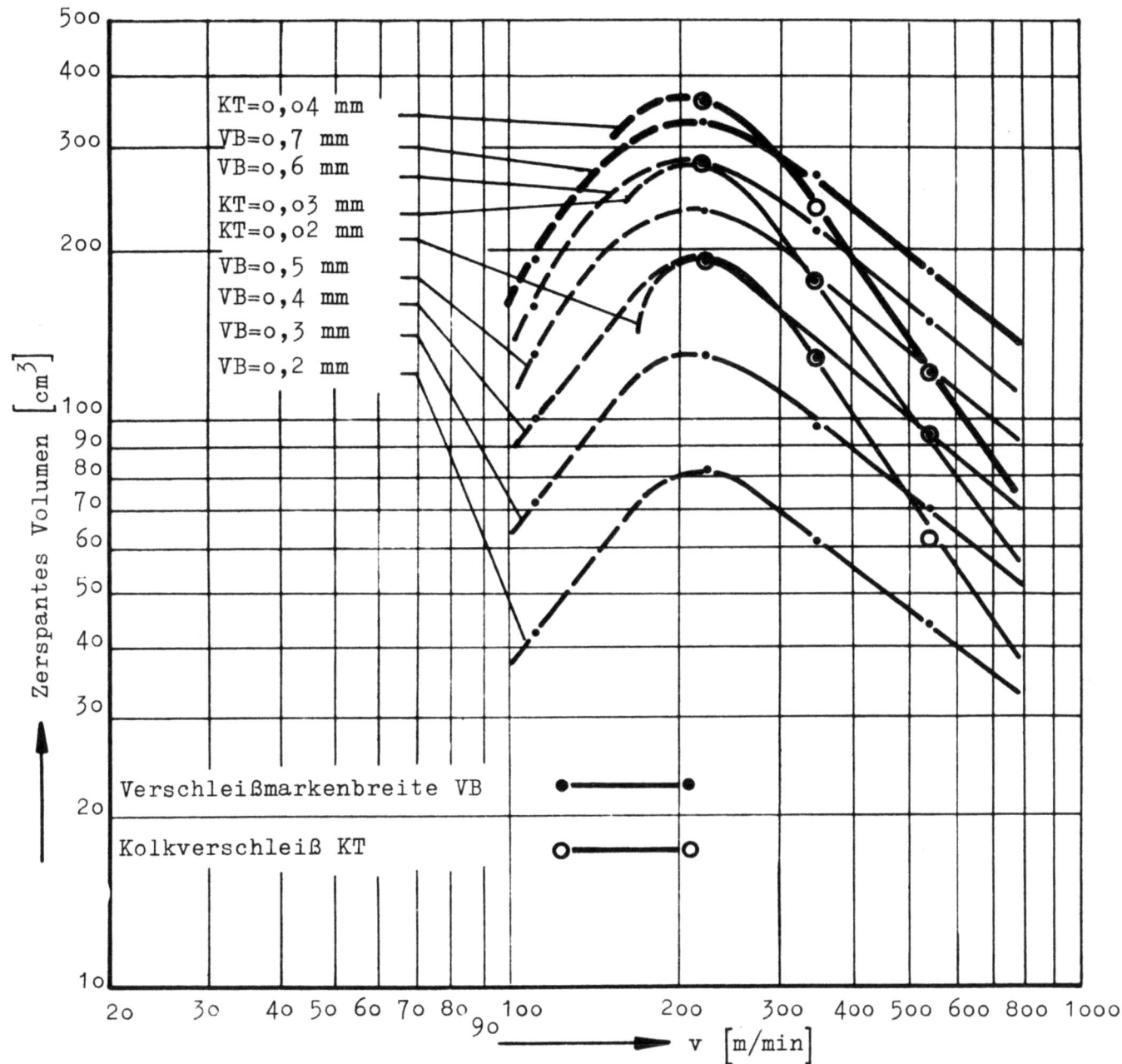

Abbildung 26

Zerspantes Volumen für Kolk- und Freiflächenverschleiß in Abhängigkeit von der Schnittgeschwindigkeit beim Einzahnfräsen von unlegiertem Baustahl mit 0,05 % C:
σ_B = 37 kg/cm^2, Hartmetall: L 1; γ = -5°; $\varkappa$ = 60°; λ = 0°
s_z = 0,1 mm/Zahn; a = 3 mm

Bez. III

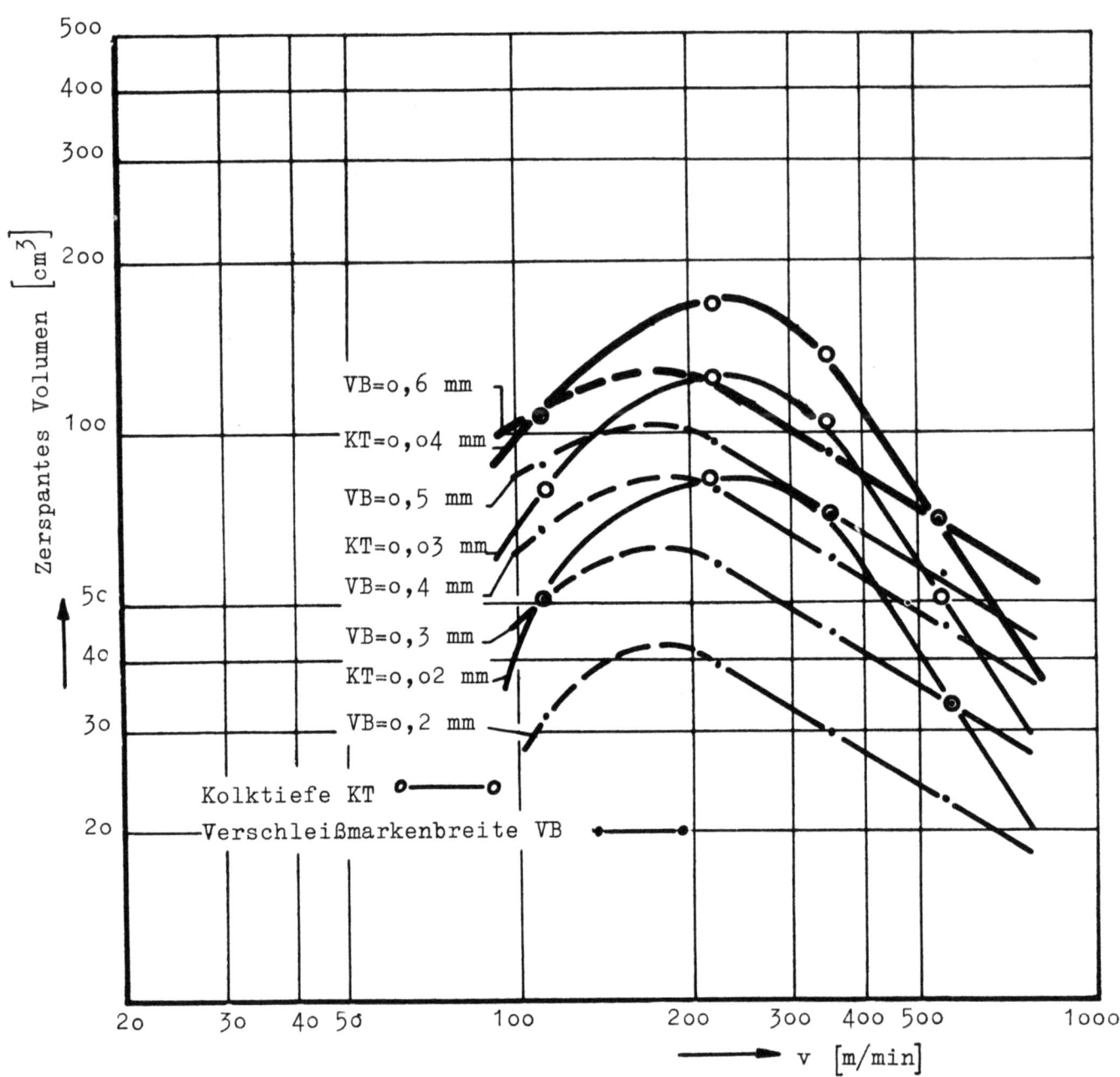

Abbildung 27

Zerspantes Volumen für Kolk- und Freiflächenverschleiß in Abhängigkeit von der Schnittgeschwindigkeit beim Einzahnfräsen von unlegiertem Baustahl mit 0,06 % C; $\sigma_B = 38$ kg/mm^2, Hartmetall: L 1; $\gamma = -5$; $\varkappa = 60°$; $\lambda = 0°$ $s_z = 0,1$ mm/Zahn; $a = 3$ mm

Bez. IV

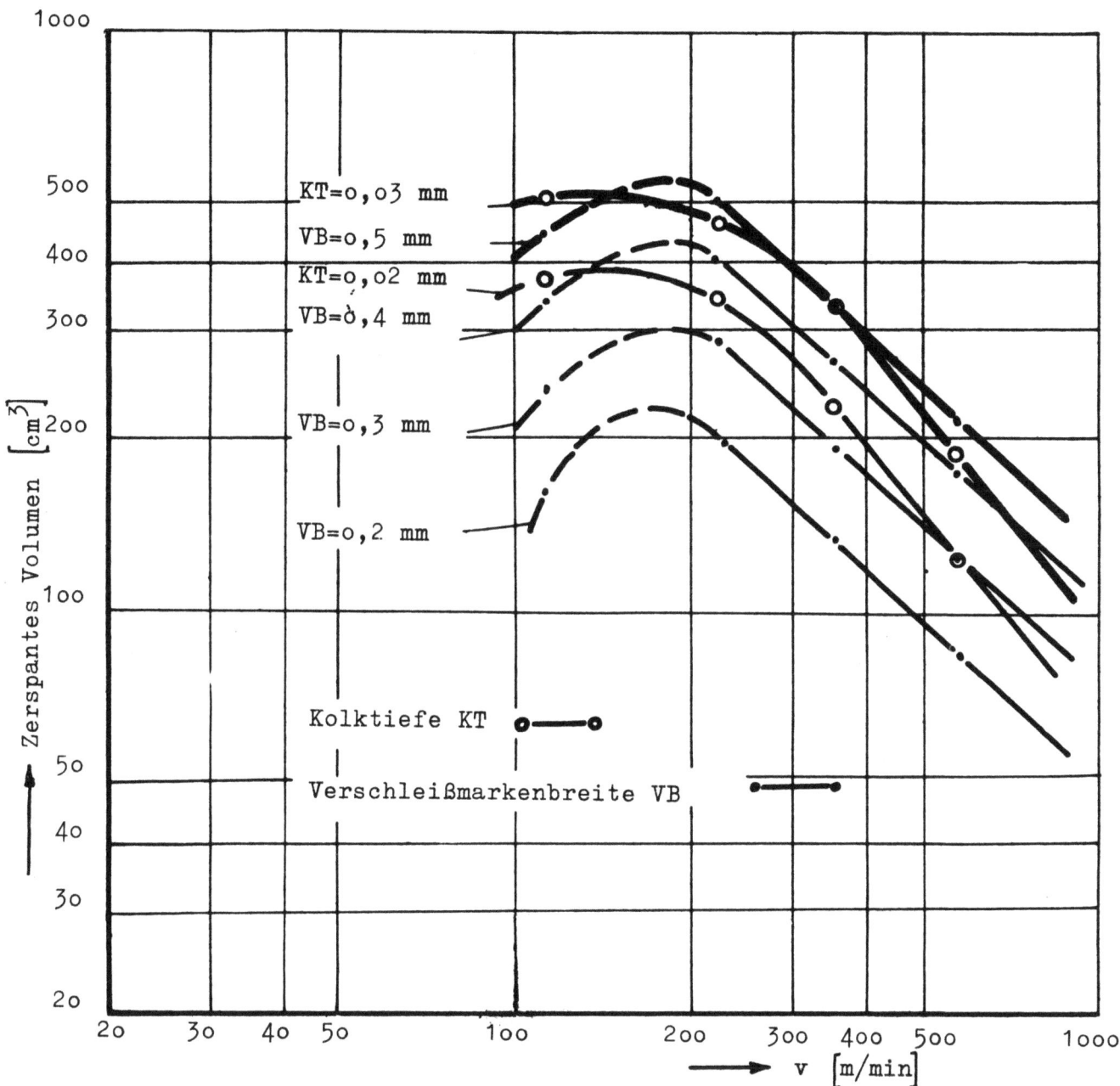

Abbildung 28

Zerspantes Volumen für Kolk- und Freiflächenverschleiß in Abhängigkeit von der Schnittgeschwindigkeit beim Einzahnfräsen von unlegiertem Baustahl mit 0,11 % C; σ_B = 45 kg/mm², Hartmetall: L 1; γ = -5°; $\varkappa$ = 60°; λ = 0° s_z = 0,1 mm/Zahn; a = 3 mm

Bez. V

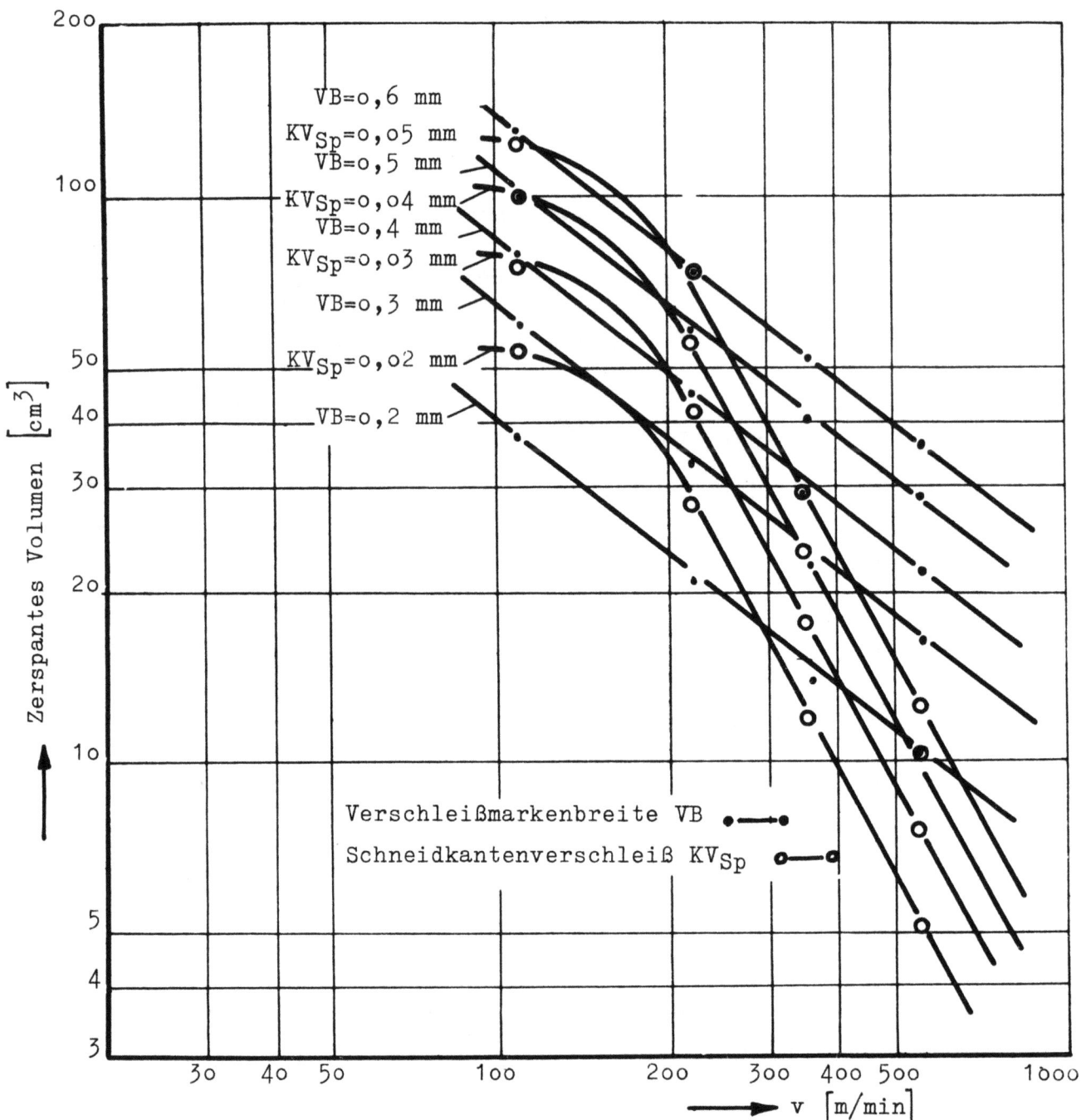

Abbildung 29

Zerspantes Volumen für Freiflächen- und Schneidkantenverschleiß in Abhängigkeit von der Schnittgeschwindigkeit beim Einzahnfräsen von unlegiertem Baustahl mit 0,44 % C; σ_B = 60 kg/mm^2; Hartmetall: L 1; γ = -5°; $\varkappa$ = 60°; λ = 0°, s_z = 0,1 mm/Zahn; a = 3 mm

Bez. VI

Unter sehr stabilen Arbeitsverhältnissen sind natürlich größere Kolktiefen, als die hier als Grenze gewählten, durchaus zulässig, während bei weniger stabilen Arbeitsbedingungen die zulässige Kolktiefe gegebenenfalls auf kleinere Werte, z.B. 0,02 mm (dünne KT-Kurve) begrenzt werden muß.

Werden besondere Anforderungen an die Oberflächengüte gestellt, so darf die Verschleißmarke eine bestimmte Größe nicht überschreiten. Aus den Kurven gleicher VB können in einem solchen Fall alle Bedingungen abgelesen werden. So ergibt sich für den gleichen Stahl (Abbildung 28) zum Beispiel für VB = 0,3 mm und ein zerspantes Volumen von 300 cm^3/Zahn die anwendbare Schnittgeschwindigkeit zu 200 m/min, ohne daß das Werkzeug durch Kolkverschleiß gefährdet wird.

Bei allen untersuchten Stählen findet sich die gleiche Relation zwischen den Steigungen der Standzeitkurven für den Freiflächenverschleiß und den Steigungen der Kurven für den Kolk- bzw. Spanflächenverschleiß wieder, wie sie von OPITZ und WEBER[6,7] bereits für das Drehen gefunden wurde, nähmlich ein steilerer Verlauf der KT-Standzeitkurve gegenüber der zugehörigen VB-Standzeitkurve. Die Ursache hierfür wurde von ihnen aus den unterschiedlichen Reibungsbedingungen an Span- und Freifläche erklärt und bestätigt sich auch beim Fräsvorgang.

Die Standzeitkurven für den Kolkverschleiß bzw. die Kantenversetzung zeigen bei den 6 untersuchten Stählen eine erhebliche Zunahme dieser Verschleißformen in den niedrigeren Schnittgeschwindigkeitsbereichen, also im Gebiet erhöhter Klebneigung des abfließenden Spanes, eine Erscheinung, die ebenfalls bereits beim Drehen beobachtet wurde und aus der Spanbildung, sowie aus den unterschiedlichen Reibungsverhältnissen und Gleitgeschwindigkeiten an Span- und Freifläche erklärt wird.

2. Erschmelzungsart, C -Gehalt und Standzeitverlauf

Die vorliegende Untersuchung zeigt, daß die Zunahme des Verschleißes auf der Spanfläche je nach Kohlenstoffgehalt und Reinheitsgrad des Stahles bei verschieden hohen Schnittgeschwindigkeiten einsetzt. Vergleicht man Stahl I und II (Abbildung 24 und 25), so zeigt sich bei ersterem bereits bei v = 350 m/min ein starkes Abbiegen der KT-Kurve, während bei dem zweiten dieses Abbiegen bei Schnittgeschwindigkeiten um 230 m/min zu beobachten ist. Beide Stähle sind in ihren Kohlenstoffgehalt vergleichbar, sie unterscheiden sich im wesentlichen durch Erschmelzungsart und Reinheitsgrad. Stahl II weist zahlreiche grobe Mangansulfideinschlüsse auf, während Stahl I einen normalen Einschlußgehalt hat (Abbildung 3 und 5). Mangansulfide sind relativ weich und verbessern die Gleitverhältnisse, so daß der Bereich des Verklebens von Span und Spanfläche zu niedrigeren Schnittgeschwindigkeiten verschoben wird.

Die Stähle III und IV (Abbildung 26 und 27) haben gegenüber den beiden ersten nur wenig erhöhten Kohlenstoffgehalt, weisen aber in ihrem Gefügen bereits ausgeprägte Perlitausscheidungen auf (Abbildung 6 und 8), wodurch der Zusammenhang des zähen, zu Verklebungen neigenden Ferrits eine gewisse Unterbrechung erfährt, die sich auf den Verlauf der Kolkstandzeitkurven verbessernd auswirkt.

Zu den noch niedrigeren Schnittgeschwindigkeiten - etwa 150 bis 200 m/min - ist der Beginn der verstärkten Auskolkung bei dem Stahl V verschoben (Abbildung 28). Hierbei kommen beide vorgenannten Einflüsse - erhöhter Gehalt an Mangansulfideinschlüssen und erhöhter Kohlenstoffgehalt (Abbildung 10 und 11) - zur Wirkung.

Entsprechend seinem wesentlich höheren Kohlenstoffgehalt (0,44 % C) läßt der Stahl VI (Abbildung 29) noch niedrigere Schnittgeschwindigkeiten zu, ehe ein verstärkter Spanflächenverschleiß einsetzt. Die gegenüber den übrigen Versuchswerkstoffen relativ hohe Festigkeit verschiebt jedoch die erreichbaren Standzeiten zu erheblich niedrigeren Werten.

3. Werkzeugverschleiß beim Fräsen

Während der Kolkverschleiß und die Kantenversetzung bei den untersuchten Stählen ein ähnliches Verhalten wie beim Drehen zeigen, ist dies beim Freiflächenverschleiß nicht der Fall. Die Standzeitschaubilder 24 bis 29 lassen erkennen, daß beim Fräsen auch der Freiflächenverschleiß bereits in dem Bereich der Klebneigung nachteilig beeinflußt wird und sich die bei niedrigeren Schnittgeschwindigkeiten erreichbaren Standzeiten zu kleineren Werten verschieben. Als unterste Grenze der überhaupt anwendbaren Schnittgeschwindigkeiten muß beim Fräsen diejenige Geschwindigkeit gelten, bei der gerade noch ein Fließspan entsteht. Anderenfalls wird das

Fräsmesser vorzeitig durch Ausbrüche und Ausbröckelungen schneidunfähig oder sogar zerstört. Diese Beobachtung steht in Übereinstimmung mit den praktischen Betriebserfahrungen und wird auch a.O. bestätigt.

Für das Eintreten des verstärkten Freiflächenverschleißes sind beim Fräsen die gleichen Einflüsse maßgebend wie beim Kolkverschleiß. Sehr niedriger Kohlenstoffgehalt läßt die VB-Standzeitkurven bereits bei relativ hohen Schnittgeschwindigkeiten abknicken (Abbildung 24, 26, 27). Mit zunehmendem Kohlenstoffgehalt verschiebt sich der Bereich erhöhten Verschleisses zu niedrigeren Schnittgesxhwindigkeiten (Abbildung 28, 29), wobei allerdings bei dem Stahl VI mit 0,44 % C die absolut erreichten Standzeiten sehr niedrig liegen. Die Ursache dafür dürfte darin zu suchen sein, daß dieser Stahl in dem vorliegenden feinkörnigen lamellar-perlitisch-ferritischen Gefügezustand bereits zu hart für gute Fräsbarkeit ist, so daß durch eine Wärmebehandlung mit dem Ziel, die Festigkeit zu erniedrigen, bessere Standzeiten möglich erscheinen. Verbessernd auf die VB-Standzeit wirkt sich auch ein erhöhter Gehalt an Mangansulfiden aus (Abbildung 25). Betrachtet man die erreichten Standzeiten, d.h. die zerspanten Volumina, bei den 6 untersuchten Stählen absolut, so erscheinen diese zunächst sehr gering. Für die Beurteilung ist es aber erforderlich, sich die Versuchsbedingungen vor Augen zu halten. Erstens war der Vorschub pro Zahn klein, nämlich s_z = 0,1 mm/Zahn. Beim Fräsen aber wirkt sich nicht nur die Länge des Weges, den das Werkzeug während des Eingriffs macht, auf die Standzeit aus, sondern auch die Frequenz der Schnittunterbrechungen, da bei jedem Anschnitt und Austritt das Werkzeug erheblichen stoßartigen Schnittkraft- und Temperaturschwankungen unterworfen wird. Bei kleinen Vorschüben beträgt die Zahl dieser Kraft- und Temperaturschwankungen ein Mehrfaches der bei größeren Vorschüben auftretenden. Zweitens lagen die Werkstoffe in Form von ziemlich dünnen Platinen (30 mm stark) vor. Auch dieser Umstand wirkt sich dahingehend aus, daß die für ein bestimmtes Volumen erforderliche Zahl von Schnittunterbrechungen erhöht und so aus den oben angeführtten Gründen die Standzeit verringert wird.

VI. Zusammenfassung

Vergleicht man die Fräsbarkeit der 6 untersuchten Stähle unter den im Versuch vorliegenden Bedingungen bei einer mittleren Schnittgeschwindigkeit

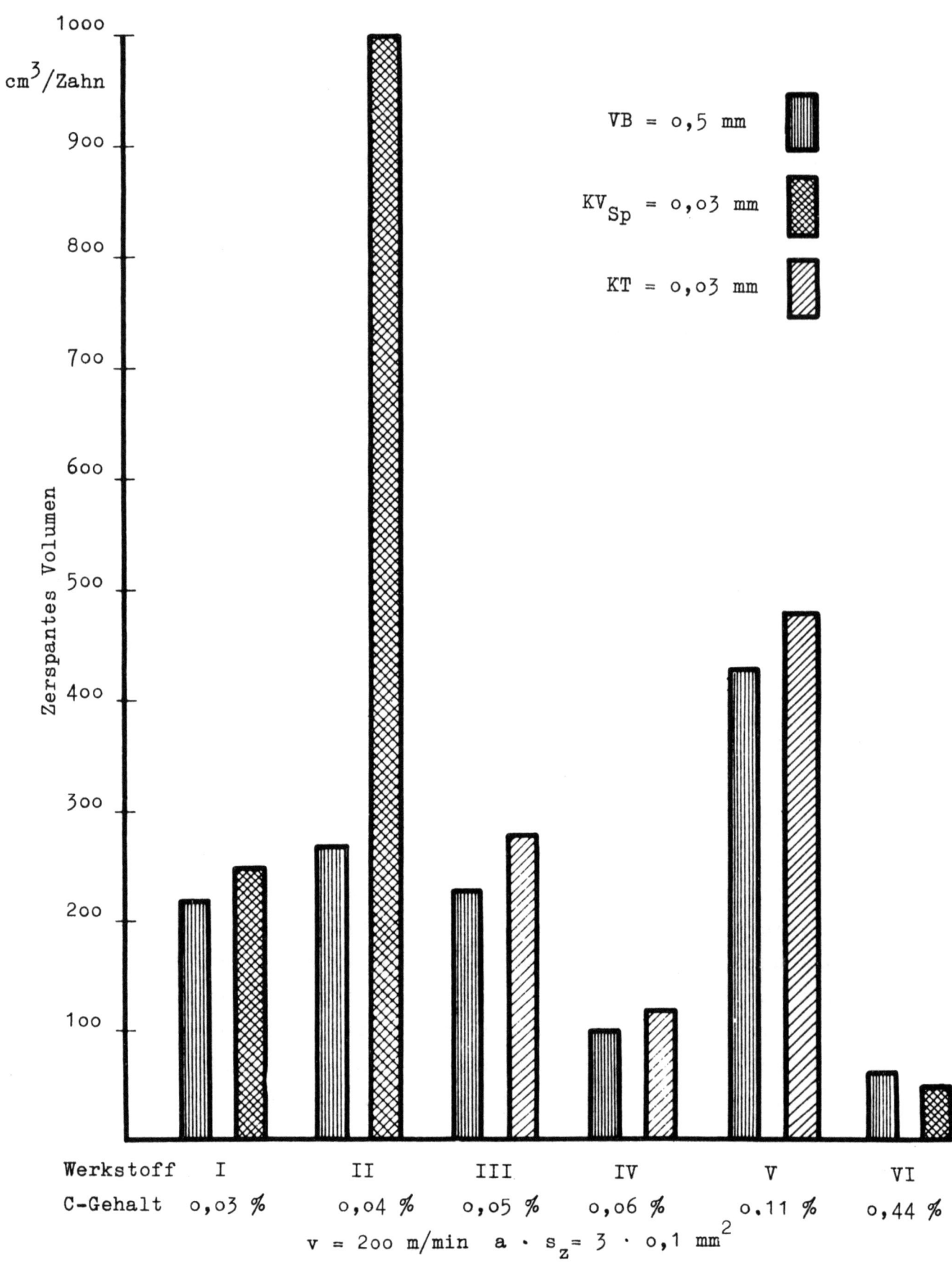

Abbildung 30
Standzeitvergleich der untersuchten Baustähle für Span- und Freiflächenverschleiß

von v = 200 m/min und gleichen Verschleißkriterien VB = 0,5 mm, KT = 0,03 mm und KV_{Sp} = 0,03 mm (Abbildung 30), so ist folgendes festzustellen:

Von den Stählen I bis IV mit den sehr niedrigen Kohlenstoffgehalten von 0,03 % C bis 0,06 % C haben die beiden mit O_2 erblasenen Stähle I und III praktisch gleiche Fräsbarkeit, sowohl in Bezug auf den Freiflächen- als auch auf den Spanflächenverschleiß. Die beiden windgefrischten Stähle II und IV weisen eine sehr unterschiedliche Zerspanbarkeit auf, sowohl untereinander als auch im Vergleich mit den mit Sauerstoff erblasenen. Infolge seines hohen Einschlußgehaltes an Mangansulfiden zeigt der Stahl II ein Verhalten wie Automatenstahl und ergibt gegenüber den Stählen I und III erheblich bessere Standzeitwerte. Demgegenüber ist die Fräsbarkeit des Stahles IV sehr schlecht und weist auch im Vergleich zu den beiden mit Sauerstoff erblasenen Stählen I und II geringere Standzeit auf. Ob die Ursache hierfür erschmelzungsbedingt ist, kann nicht mit Sicherheit gesagt werden, da ein vergleichbarer windgefrischter Stahl nicht zur Verfügung stand.

In Bezug auf die Werkzeugausnutzung wies in der vorliegenden Versuchsreihe der Stahl V ein sehr gutes Verhalten auf, sowohl für den Freiflächen- als auch für den Spanflächenverschleiß. Der Grund dafür ist einmal in der günstigen ferritisch-lamellarperlitischen Gefügeausbildung zu sehen, die bei den niedrig gekohlten Stählen den Zustand günstiger Zerspanbarkeit darstellt[8], wobei die im allgemeinen als ungünstig angesehene Zeilenstruktur (Abbildung 10) im vorliegenden Falle weniger von Bedeutung sein dürfte, da die Schnittrichtung senkrecht zu den Zeilen verlief. Zum anderen aber verleiht auch diesem Stahl der erhöhte Mangansulfidgehalt eine bessere Zerspanbarkeit.

Die schlechteste Fräsbarkeit wies unter den Versuchsbedingungen der Stahl VI auf. Auf die durch den Gefügezustand und damit durch die Festigkeit bedingten Gründe hierfür wurde bereits oben hingewiesen. Des weiteren haben sich bei diesem Stahl die kurzen Eindringzeiten und dementsprechend hohen Stoßfaktoren ungünstig ausgewirkt, wie die immer wieder auftretenden Ausbrüche an den Schneiden bei allen Schnittgeschwindigkeiten gezeigt haben. Eine Verbesserung wäre hier durch die Wahl anderer Eingriffsbedingungen: längere Eindringzeiten, größere negative Spanwinkelfase und gegebenenfalls V-Kontakt zu erreichen.

Zusammenfassend läßt sich folgendes sagen:

Der Verschleiß von Hartmetallwerkzeugen folgt beim Fräsen im Bereich der Fließspanbildung, sowohl auf der Frei- als auch auf der Spanfläche, den gleichen Gesetzmäßigkeiten wie beim Drehen.

In den Schnittgeschwindigkeitsbereichen, in denen Span und Spanfläche zum Verkleben neigen, nimmt der Verschleiß auf Frei- und Spanfläche erheblich zu. Die unterste anwendbare Schnittgeschwindigkeit ist die, bei der gerade noch Fließspäne entstehen.

In Übereinstimmung mit den Erkenntnissen über die Zusammenhänge zwischen Zusammensetzung, Gefüge und Zerspanbarkeit zeigt sich beim Fräsen, daß Stähle mit sehr niedrigem Kohlenstoffgehalt schlechter fräsbar sind als solche, bei denen der Zusammenhang des Ferrits durch den Perlit unterbrochen wird, ohne daß die Festigkeit wesentlich erhöht wird. Für den untersuchten Stahl mit 0,44 % C erscheint der lamellar-perlitisch-ferritische Zustand bereits zu hart.

Durch erhöhten Mangan- und Schwefelgehalt kann die Fräsbarkeit erheblich verbessert werden.

B. Gewindefräsen mit Hartmetall

I. Einleitung

Gewinde werden durch Fräsen auf zwei Arten hergestellt:

a) Im Kurzgewindefräsverfahren, dadurch gekennzeichnet, daß das Werkstück eine Vorschubbewegung von etwa 1 1/6 Umdrehungen und der 1 1/6-fachen Steigung ausführt, und daß beim Werkzeug die Anzahl der parallel zur Gewindeachse liegenden Zähne gleich der Anzahl der Gewindegänge ist.

b) Im Langgewindefräsverfahren, dadurch gekennzeichnet, daß das Werkzeug relativ zum Werkstück dieselbe Vorschubbewegung beschreibt, wie der Drehstahl bei einer Leitspindeldrehbank. Hierbei wird das Gewinde bis zu seiner vollen Tiefe in einem Überlauf fertiggestellt.

Für das Fräsen von Spitzgewinden nach DIN 13 und ähnlichen Gewindeformen (Whitworth-Rohrgewinde u.a.) wurde bisher ausschließlich Schnellarbeitsstahl als Schneidstoff verwendet.

Nur in der Fertigung von Trapezgewinden und ähnlichen Profilen durch Langgewindefräsen und abgewandelte Verfahren (Wirbeln, Schälen) wurden Hartmetalle bereits mit Erfolg eingesetzt. Hierbei haben diese Schneidstoffe gegenüber Schnellarbeitsstählen Hauptzeitverkürzungen bis zu 50 % bei zufriedenstellenden Standzeiten ermöglicht. Beim Fräsen der oben erwähnten Spitzgewinde liegen jedoch hinsichtlich der Spanbildung sowie der mechanischen und thermischen Beanspruchung der Werkzeuge wesentlich andere Verhältnisse vor, so daß das Verfahren hinsichtlich der Durchbildung der Werkzeuge einer besonderen Behandlung bedarf.

Das Ziel der vorliegen Untersuchung war deshalb:

1. Die günstigsten Schnittbedingungen - Schnittgeschwindigkeit, Spanquerschnitte, Schneidengeometrie - aufzufinden.

2. Die Ermittlung geeigneter Werkzeugformen.

Außer von der technischen Durchführbarkeit hängt die Anwendung eines Bearbeitungsverfahrens von seiner Wirtschaftlichkeit, d.h. von der Hauptzeit, von den Neben- und Verlustzeiten, sowie von den Werkzeugkosten als wichtigsten Faktoren, ab.

Ein Wirtschaftlichkeitsvergleich mit anderen leistungsfähigen Verfahren der Gewindeherstellung, von denen das Cri-Dan-Verfahren als das rationellste gelten kann und deshalb in erster Linie als Maßstab herangezogen werden müßte, ist allerdings auf Grund der bisher vorliegenden Erfahrungen beim Fräsen von Spitzgewinden noch nicht möglich, da diese jetzt erst ihren Niederschlag in der Konstruktion entsprechender Werkzeuge gefunden haben, die noch in Dauerversuchen zu erproben wären. Dabei ist es noch fraglich, ob zur Zeit geeignete Maschinen marktgängig zur Verfügung stehen. An eine derartige Maschine sind nachstehende Anforderungen, die sich aus den Ergebnissen der Versuche herleiten, zu stellen:

a) Mindestens doppelt so hohe Drehzahlen, wie bei den bisher üblichen Ausführungen,

b) Besondere Maßnahmen zur Verbesserung des Schwingungsverhaltens der Maschine, insbesondere Drehschwingungsdämpfung an der Spindel,

c) Verbesserte Abstützung des Werkstückes, das hinsichtlich seines dynamischen Verhaltens als schwächstes Teil im Fluß der Schnittkräfte zu gelten hat. Für Werkstücke mit Außengewinde bedeutet dies, daß die fliegende Einspannung aufgegeben werden muß.

II. Meßgrößen und -verfahren

Wie bei allen Profilwerkzeugen ist auch beim Gewindefräsen für die Festlegung des Standzeitkriteriums der Schneidkantenversatz, der sich als Profiländerung am Werkstück auswirkt, maßgebend. Für die Gewinde mit den Güteklassen "fein", "mittel" und "grob" sind die Toleranzen für Kopf-, Flanken- und Grundkreisdurchmesser genormt. In allen Versuchen zeigte sich, daß das Werkzeug an den Profilspitzen, d.h. also dort, wo sich am Werkstück der Grundkreis bildet, am stärksten verschleißt, während an den Flanken der Verschleiß vernachlässigbar gering blieb.

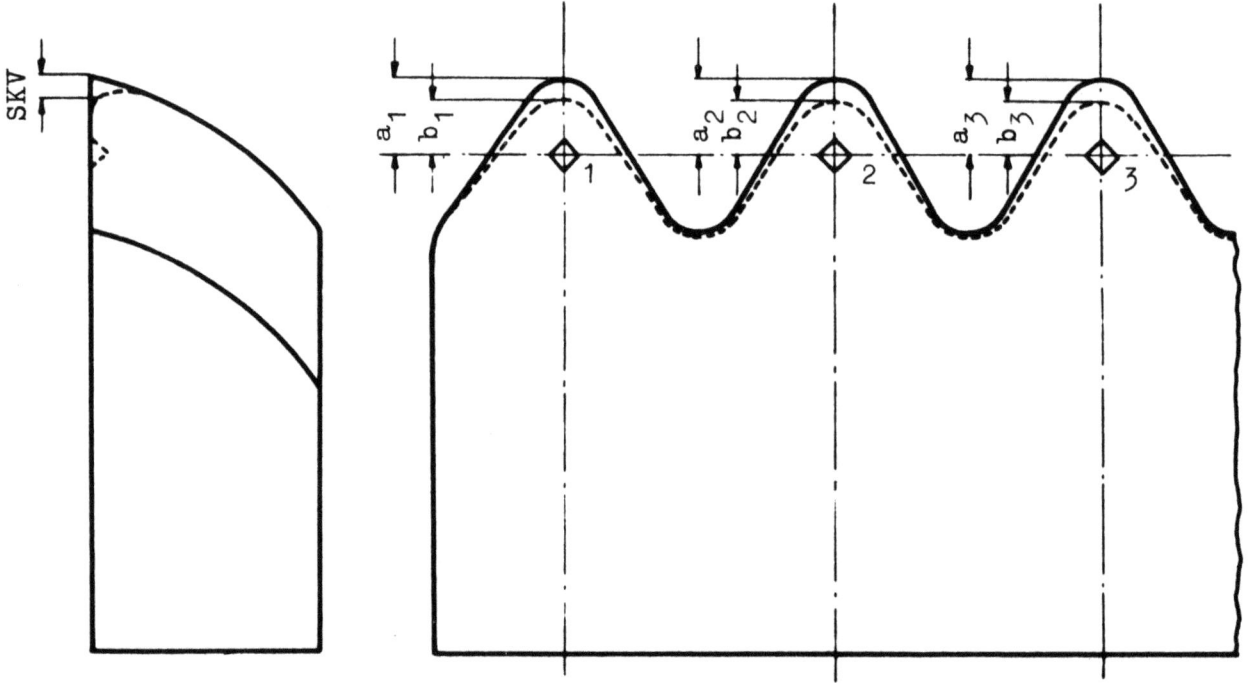

Abbildung 31

Bestimmung des Schneidkantenversatzes SKV bei Schneidplatten für Gewindefräsen durch Differenzbildung: SKV=a-b. (1,2,3......Eindrücke mit Vickers-Diamantpyramide)

Aus diesem Grunde darf bei Profilen, die etwa den Gewinden M 14 oder M 16 der Güteklasse "mittel" entsprechen, der Schneidkantenversatz 40 μ nicht überschreiten.

Will man innerhalb dieses Bereiches noch Verschleiß aufnehmen, so ist ein Meßverfahren notwendig, das den Verschleiß auf 1 μ genau anzeigt.

Die einzelnen Zähne des Werkzeuges, Abbildung 31, wurden mit Vickers-Eindrücken eines Kleinhärteprüfers versehen. Der Abstand von der Diagonalen bis zur Spitze des Profiles wurde durch ein Meßokular auf 0,5 μ genau vermessen. Da nach aufgetretenem Verschleiß die Messung neu erfolgt und der Verschleiß durch Differenzbildung ermittelt werden muß, ist eine sehr genaue Messung des genannten Abstandes erforderlich. Zur Verminderung des prozentualen Fehlers bei der Differenzbildung a - b (Abbildung 31) wurde der Eindruck möglichst nahe an die Profilspitze, d.h. gerade noch außerhalb der Kontaktfläche von Span und Werkzeug gelegt. Bei der gewählten Lage war eine Kerbwirkung des Diamanteindruckes auf die Schneidplatte nicht zu befürchten.

Es war darüberhinaus wünschenswert, die Verschleißformen des Werkzeuges näher zu kennen. Eine mikroskopische Betrachtung der Schneidplatten zeigte, daß insbesondere in der Gegend der Spitzen eine Schneidkantenabrundung auftrat (Abbildung 32). Daraufhin wurden die Schneidplatten in eine thermoplastische Masse (Plexigum M 286) eingebettet. Aus dem so herge-

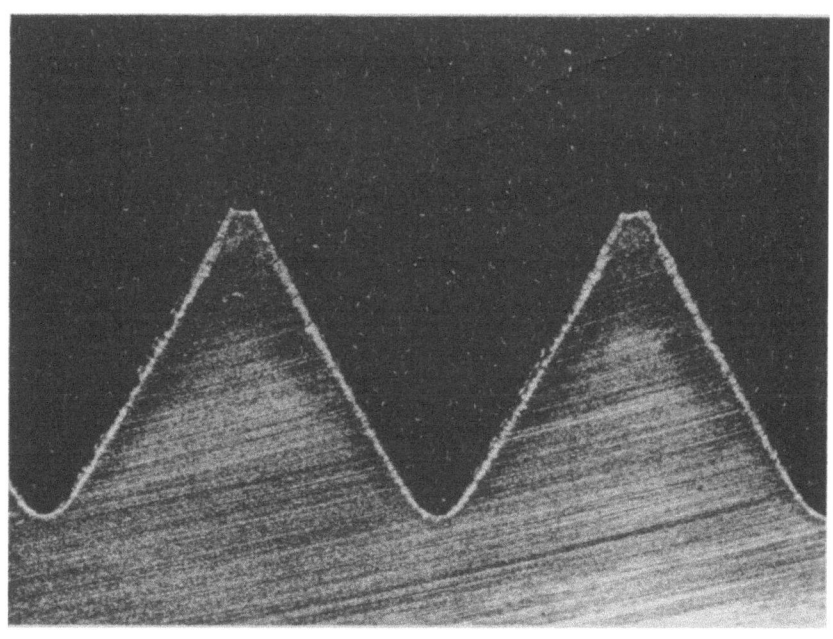

A b b i l d u n g   32
Verschleiß des Profiles der Schneidplatte. Schnittbedingungen: v = 425 m/min, s = 0,14 mm/Zahn; Spanwinkel
γ = 0°, Freiwinkel α = 5°, Werkstückstoff St 50.11
Vergrößerung 20 : 1

stellten Negativ der Schneidplatte wurde ein Ausschnitt auf einer metallografischen Schleifmaschine geschliffen und auf dem Metallmikroskop vergrößert fotografiert (Abbildung 33 und 34). Sie zeigen eindeutig, daß der größte Verschleiß an der Freifläche auftritt. Dieser Tatsache wurde beim Entwurf des unter Abschnitt V (Seite 59) beschriebenen Werkzeuges Rechnung getragen.

Besondere Beachtung wurde daneben auch der Spanausbildung geschenkt. Eine messende Verfolgung dieses Vorganges war allerdings nicht möglich, da bei der Spanentstehung schwer zu erfassende geometrische Verhältnisse vorgelegen haben. So konnte die Spanstauchung nur qualitativ ermittelt werden.

Abbildung 33

Werkzeugverschleiß. Schnitt durch die Schneidplatte in Richtung c-c, Abbildung 42. Schnittgeschwindigkeit 425 m/min, Vorschub 0,14 mm/Zahn, Spanwinkel 5°, Freiwinkel 5°. Bearbeiteter Werkstoff : St 70.11. Vergrößerung 200-fach

Abbildung 35 zeigt einige der bei der noch zu beschreibenden Versuchsanordnung anfallenden Späne. Je nach der Schnittgeschwindigkeit waren die Anlaßfarben braun bis blau, und zwar zeigten sich bereits bei verhältnismäßig niedrigen Schnittgeschwindigkeiten Anlaßfarben, die auf eine sehr hohe Spantemperatur schließen lassen. Auch konnte Funkenbildung bei den höheren Schnittgeschwindigkeiten beobachtet werden.

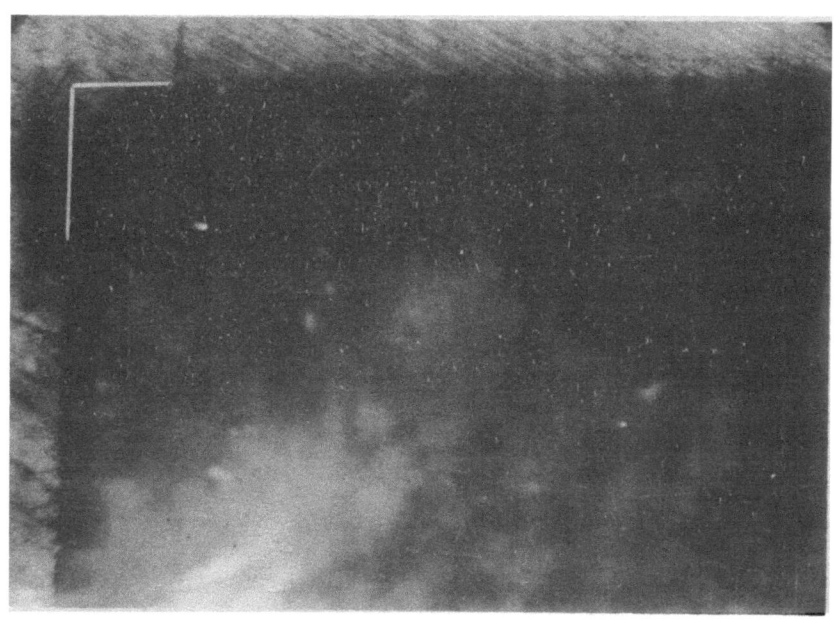

Abbildung 34

Werkzeugverschleiß. Schnitt wie Abbildung 33. Spanwinkel 0°. (Sonstige Daten wie oben) Ausbruch der Spitze.

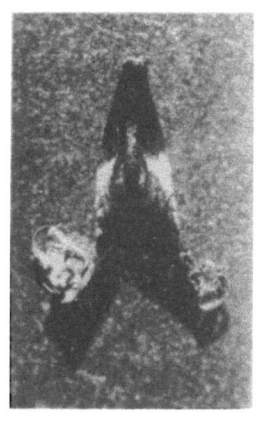 

Abbildung 35

Spanform beim Gewindefräsen, Vergrößerung 10 : 1

Überschlägig gerechnet beträgt die Eingriffslänge des Fräserzahnes mit dem Werkstoff 27,4 mm. Die Länge des gerollten Spanes beträgt dagegen nac Abbildung 35 etwa 4,5 mm. Nimmt man die Länge des abgewickelten Spanes zu etwa dem 1 1/2-fachen an, so ergibt sie sich zu etwa 7 mm. Der maximale Mittelwert für die Spanstauchung wäre damit etwa $\lambda = 4$. Sie wird jedoch etwas geringer sein, wenn man sich vergegenwärtigt, daß das Werkzeug zunächst einen bestimmten Weg über die Oberfläche des Werkstoffes gleiten wird, bevor es zum Anschneiden kommt. Schätzungsweise dürfte dieser Weg jedoch nicht sehr groß sein, da die Späne auch eine beträchtliche Dickenstauchung aufweisen.

III. Das Werkzeug

Es wird hier zunächst das verwendete Werkzeug beschrieben, das - wie vorweggenommen werden soll - nicht voll befriedigend arbeitete. Die an diesem Werkzeug festgestellten Mängel führten zu einem Neuentwurf, der später noch unter V. beschrieben werden soll.

1. Die Zahnform: Es wurde eine achsiale Zahnteilung von 2 mm gewählt, die den metrischen Gewinden M 14 und M 16 entspricht.

2. Der Spanwinkel: Bei den Versuchen wurde der Spanwinkel von größeren zu kleineren Werten hin geändert. Es wurde zunächst mit $9,5°$, dann mit $4,8°$, $3,5°$ und schließlich in einigen Stichversuchen mit $0°$ Spanwinkel gearbeitet.

3. Der angeschliffene und der wirksame Freiwinkel: Das Profil des metrischen Gewindes hat einen Spitzenwinkel von $60°$. Hierdurch ergibt sich an den Gewindeflanken ein kleinerer Freiwinkel als am Gewindegrund, und zwar gelten die folgenden geometrischen Beziehungen (Abbildung 36):

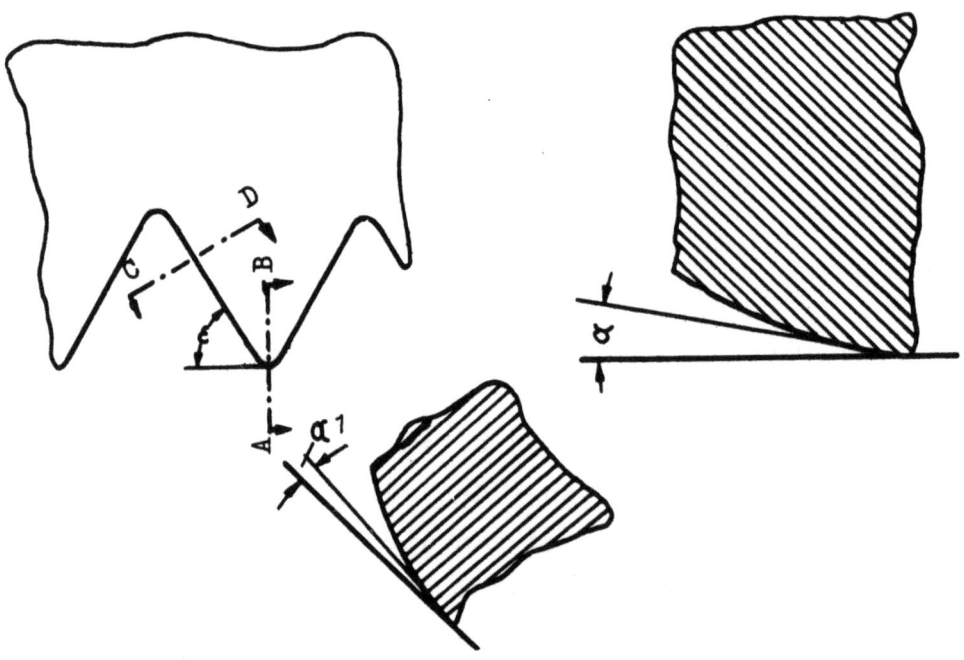

A b b i l d u n g 36
Winkelbeziehungen am Werkzeug

$$\operatorname{tg}\alpha_1 = \operatorname{tg}\alpha \cos\varepsilon$$

worin α den angeschliffenen und α_1 den wirksamen Freiwinkel bedeuten. Hieraus folgt für den Freiwinkel an der Gewindeflanke:

$$\operatorname{tg}\alpha_1 = 0,5 \operatorname{tg}\alpha \qquad \text{da} \quad \cos 60° = 0,5$$

Am Gewindegrund ist $\cos\varepsilon = \cos 0° = 1$, wodurch $\operatorname{tg}\alpha_1 = \operatorname{tg}\alpha$ und $\alpha_1 = \alpha$ wird.

Als Freiwinkel wurde zunächst unter Berücksichtigung dieser Verhältnisse 8° gewählt, wodurch sich an den Flanken ein Freiwinkel von etwa 4° ergibt, wenn man für kleine Winkel $\operatorname{tg}\alpha \approx \alpha$ setzt.

Dieser Freiwinkel wird durch den Hinterschliff erzeugt. Die Hinterschlifffläche muß bei Nachschliff an der Spanfläche die Form einer logarithmischen Spirale besitzen, damit das Profil des Gewindezahnes erhalten bleibt. Damit die Herstellung der Freifläche auf einer gewöhnlichen Werkzeugschleifmaschine vorgenommen werden konnte, wurde das Stück der logarithmischen Spirale, das sich mit der Freifläche des Werkzeuges deckt, durch einen geeigneten Kreisbogen ersetzt. Bei späteren Versuchen wurde der Freiwinkel auf 5° vermindert, was ohne Einfluß auf die Verschleißform blieb.

Als Schneidstoff wurde ein Hartmetall der Sorte L 2 gewählt. Maßgebend für die Wahl war, daß bei dem auftretenden unterbrochenen Schnitt dieser Schneidstoff den impulsartig auftretenden Spannungszuständen im Innern des Plättchens besser widersteht als die verschleißfestere Sorte L 1. Infolge der Dreiecksform des Profiles sind die im Plättchen auftretenden Spannungen bei weitem größer als z.B. bei einem Trapezprofil. Dies deckt sich auch mit Betriebserfahrungen der Wanderer-Werke, die beim Fräsen von Trapezprofilen ein Hartmetall der Sorte L 1 ohne Gefahr des Schneidenausbruches verwenden konnten. Es wurden zunächst drei Schneidplatten in einen Messerkopf gespannt (Abbildung 37). Die Schneidplatte wurde dabei durch eine Imbusschraube, die in ein Keilstück eingriff, gehalten. Als sich diese Art der Einspannung als unzulänglich erwies, wurde das keilförmige Druckstück derart geändert, daß es durch zwei Imbusschrauben gehalten wurde (Abbildung 38). Diese Art der Befestigung erwies sich als recht brauchbar, wenn die Schneidplatten parallele Spanflächen aufwiesen;

Forschungsberichte des Wirtschafts- und Verkehrsministeriums Nordrhein-Westfalen

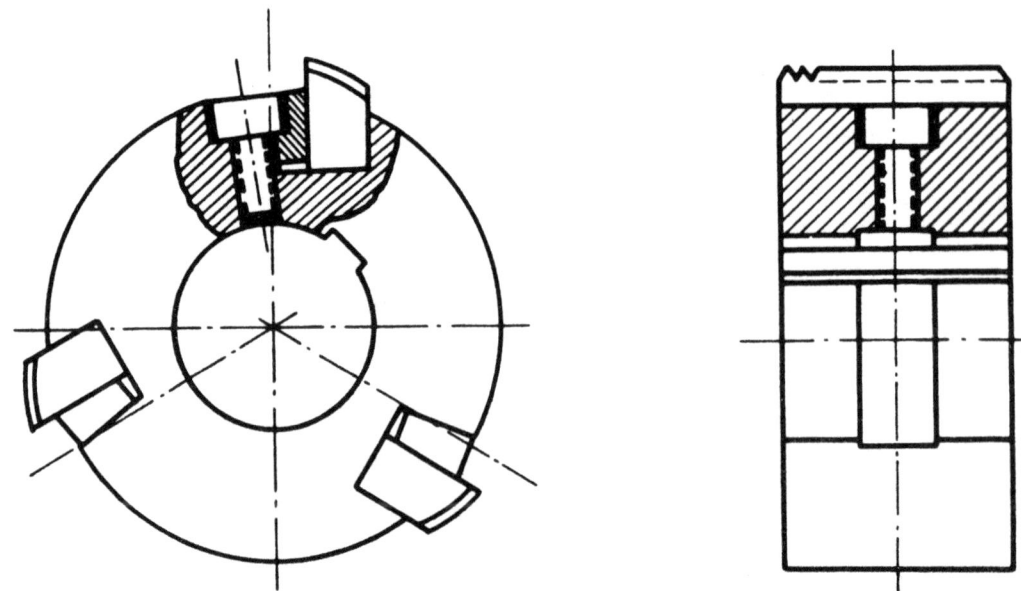

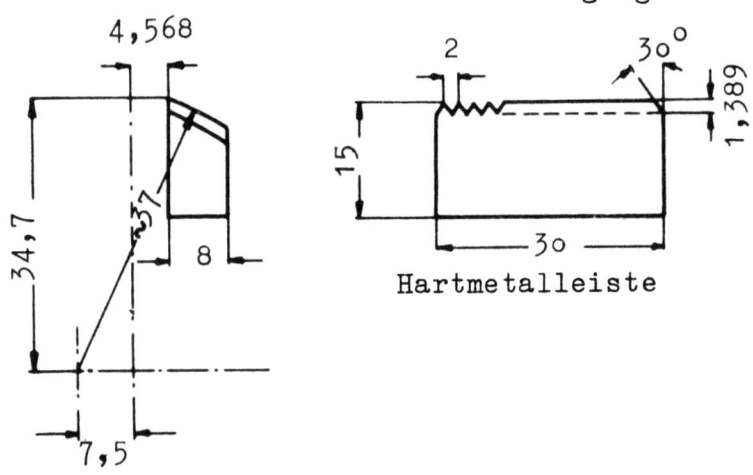

Abbildung 37
Gewindefräser mit Hartmetallschneidplatte

hierauf wurde dann besonders geachtet. Die Formen der Messerköpfe (Abbildung 37, 38 und 39) werden bei der Beschreibung der Versuchsreihen noch näher betrachtet.

IV. Versuchsdurchführung und -ergebnisse

Die erste Versuchsreihe wurde unter Benutzung des Werkzeuges nach Abbildung 37 auf einer für Schnellstahlwerkzeuge ausgelegten Kurzwindefräsmaschine durchgeführt. Unter den Versuchsbedingungen war jedoch das dynamische Verhalten dieser Maschine unzureichend, so daß trotz weitgehender Variation der Schnittgeschwindigkeit und des Vorschubes stets Schneidenausbrüche auftraten.

Bei der zweiten und den folgenden Versuchsreihen wurde die Versuchsanordnung so abgeändert, daß man auf Waagerechtfräsmaschinen überging und mit dem Werkzeug eine hochkant gestellte Stahlplatte bearbeitete. Hierbei wurde im Gegenlauf gearbeitet. Zu dieser Maßnahme führte folgende Überlegung: Durch die hohe Spanstauchung bzw. den stark gehemmten Spanabfluß wird die spezifische Schnittkraft stark ansteigen. Hierdurch können sich je nach dem maximalen Spanquerschnitt sehr hohe Schnittkräfte ergeben. Da nun ferner mit Einzahn-Werkzeugen gearbeitet wurde, (d.h. der Messerkopf wird nur mit einer Schneidplatte bestückt), treten große impulsartige Belastungen der Vorschubelemente auf, die erfahrungsgemäß von der Maschine im Gegenlauf besser aufgenommen werden können als im Gleichlauf.

Eine qualitative Betrachtung zeigt ferner, daß der maximale Spanquerschnitt mit größerem Durchmesser des Werkstückes wächst, wenn der Weg des Fräserzahnes und der Werkstückumfang konkav zueinander liegen. Das ebene Werkstück hat den Durchmesser ∞. Die maximalen Spanquerschnitte steigen noch weiter an, wenn der Weg des Fräserzahnes und der des Werkstückes konvex zueinander liegen. Dies ist z.B. beim Innengewindefräsen auf der Kurzgewindefräsmaschine und beim "Wirbeln" bzw. "Schälen" von Außengewinden der Fall. Man kann also die Versuche am ebenen Werkstück als einen mittleren Fall hinsichtlich der Eingriffslänge und des maximalen Spanquerschnittes betrachten. Werden bei einem Wirtschaftlichkeitsvergleich nur die Verfahren der Außengewindeherstellung (Cri-Dan, Wirbeln und Schälen) betrachtet, so kann man bei der getroffenen Versuchsanordnung, Abbildung 40, von einer Verschärfung der Schnittbedingungen für das Gewindefräsen sprechen, was für die Entwicklung der Werkzeuge als wichtig angesehen wurde.

Da sich außerdem bei der ersten Versuchsreihe der zu verwirklichende Schnittgeschwindigkeitsbereich als zu niedrig liegend herausstellte, wurde, da die Drehzahlbereiche der zur Verfügung stehenden Maschinen festlagen, die Schnittgeschwindigkeit durch Vergrößerung des Messerkopfes heraufgesetzt. Auf den vorhandenen Waagerechtfräsmaschinen ergab sich

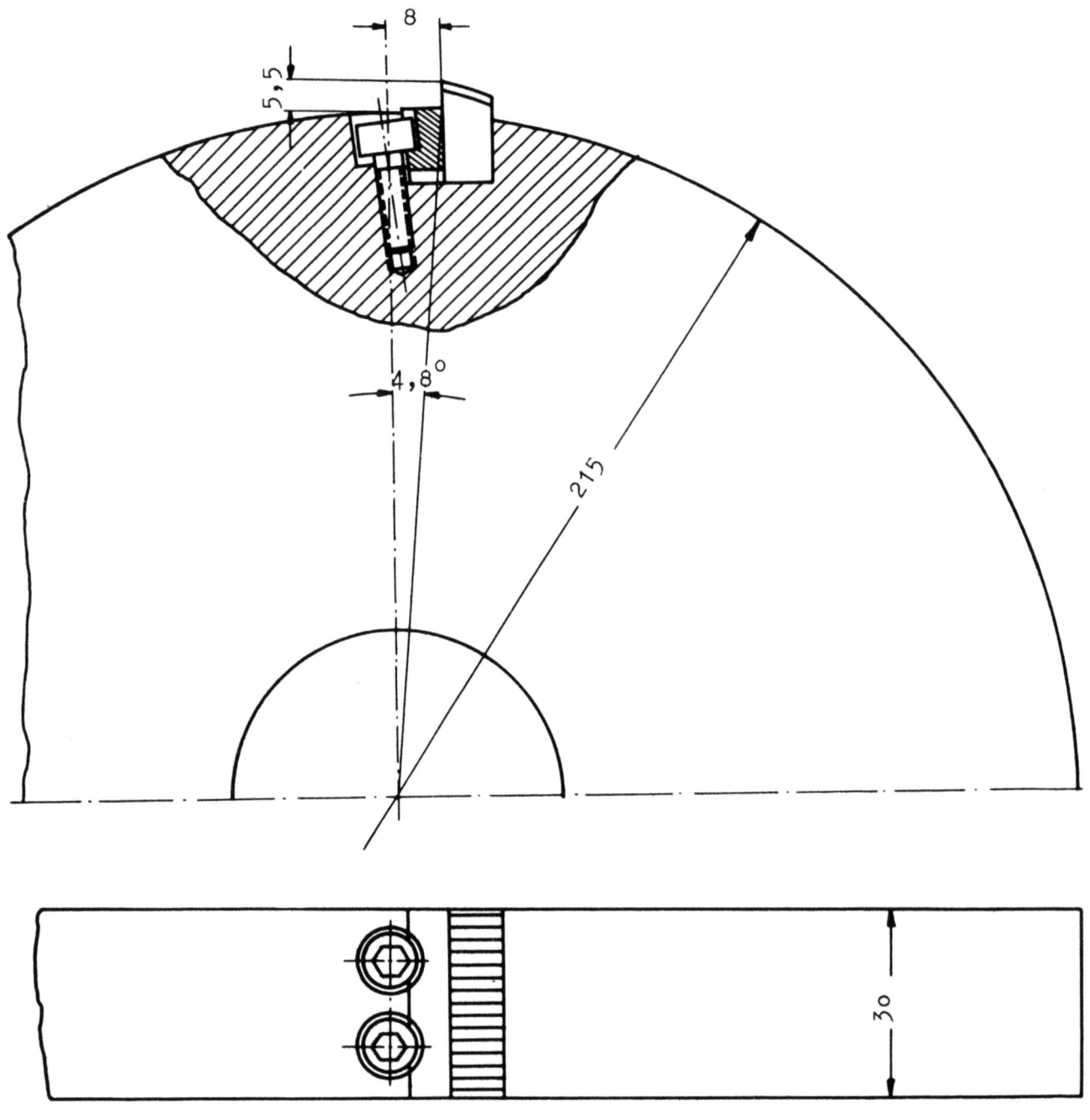

Abbildung 38
Messerkopf

jedoch immer noch keine eindeutige Tendenz für den Schneidkantenversatz. Es stellte sich jedoch heraus, daß eine Reihe von Faktoren, wie z.B. das Spiel des Gegenlagers, einen wesentlichen Einfluß ausübten, wie überhaupt dem dynamischen Verhalten der Maschine gerade bei der vorliegenden Werkzeugform eine besondere Bedeutung zukommt.

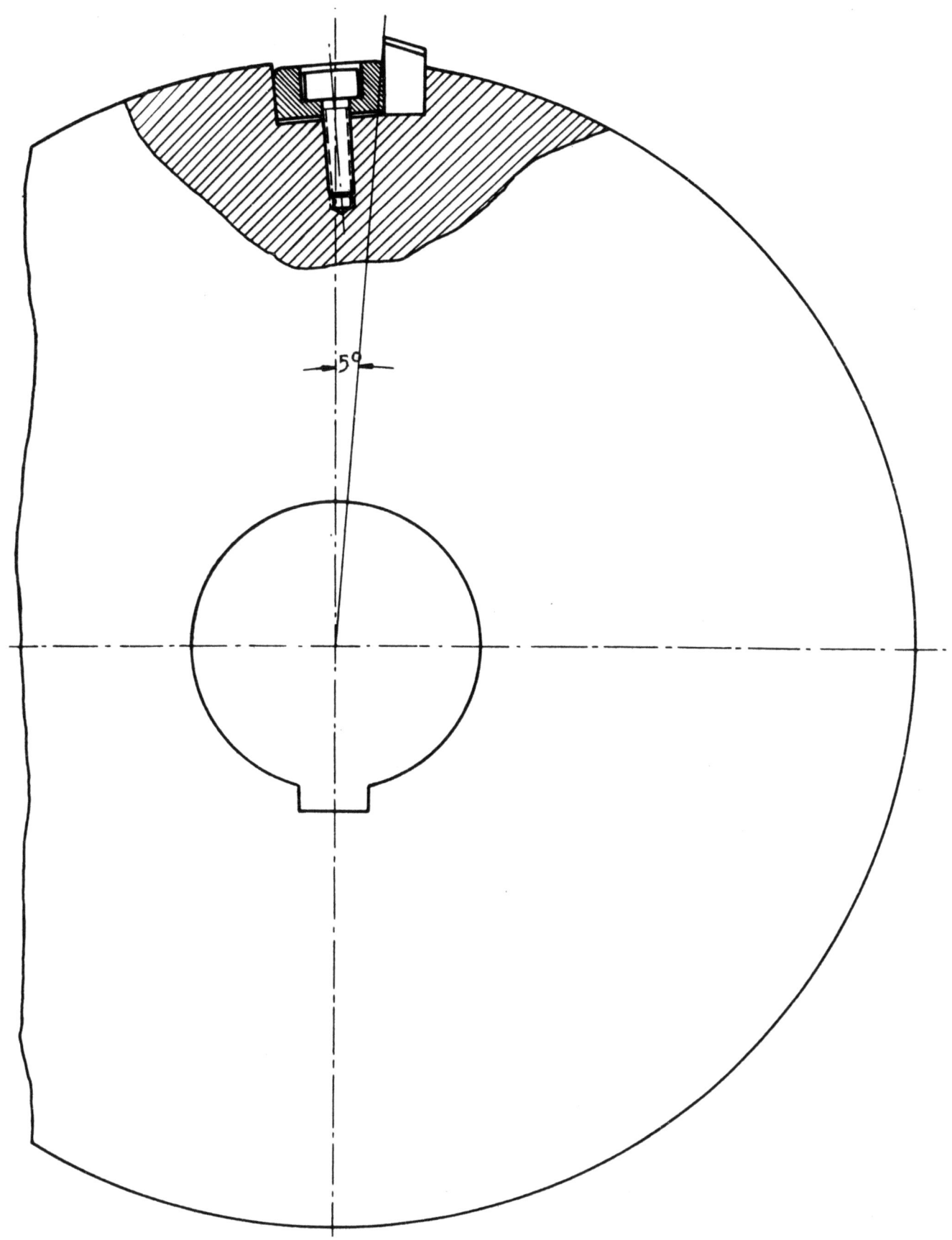

A b b i l d u n g 39
Messerkopf mit verbesserter Einspannung

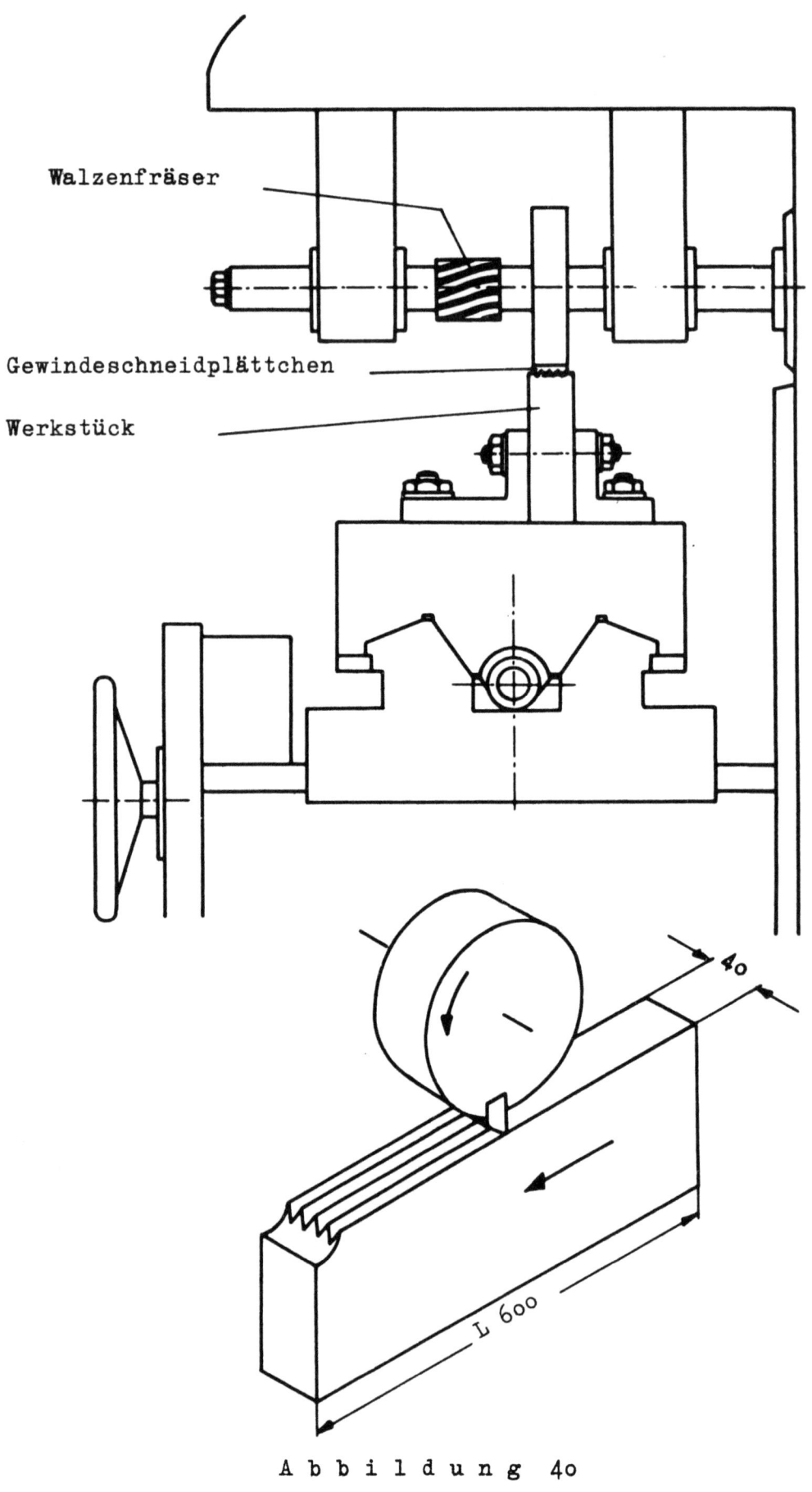

Abbildung 40
Versuchsaufbau

Bei der dritten Versuchsreihe wurde ein noch größerer Messerkopf (Abbildung 38) verwendet, ferner wurde der Spanwinkel von 9,5° auf 3,5° vermindert und der Freiwinkel von 8° auf 14° vergrößert, wodurch der wirksame Freiwinkel an der Freifläche 7° betragen hat. Durch die genannte Maßnahme der Durchmesservergrößerung des Messerkopfes wurde allerdings der Umfangswinkel verkleinert. Dies wurde wegen der Verlegung des Schnittgeschwindigkeitsbereiches in Kauf genommen, da die Schnittgeschwindigkeit offensichtlich den Schneidkantenversatz stärker als der Umfangswinkel beeinflußt. Beim Übergang auf eine starrere Fräsmaschine ergab sich dann ein eindeutiger Zusammenhang zwischen der Schnittgeschwindigkeit und dem Schneidkantenversatz (Abbildung 41). Außerdem wurde bei dieser und den

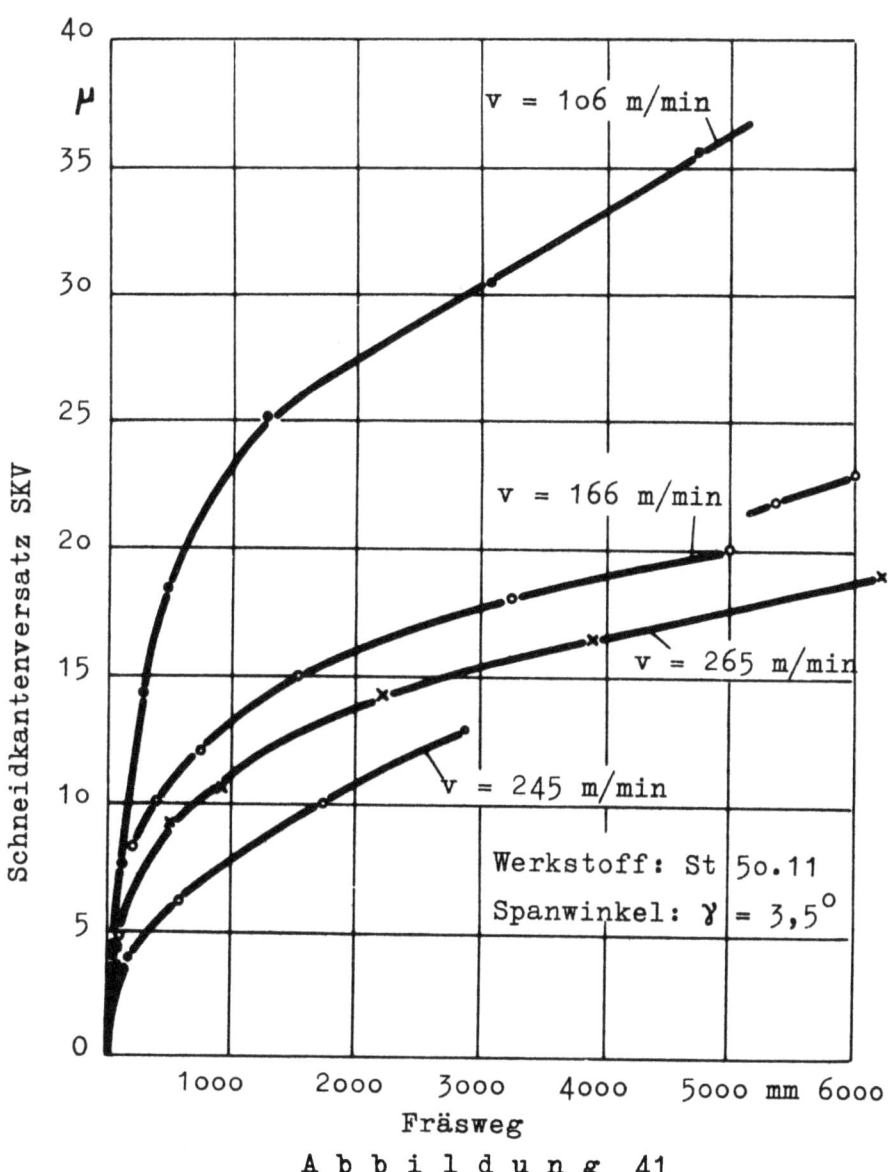

A b b i l d u n g 41

Ergebnisse der 3. Meßreihe

darauf folgenden Versuchsreihen eine kennzeichnende Feststellung gemacht: Spitzenausbrüche traten bereits bei Beginn des Fräsens auf, und die Profilzähne, die die erste kurze Frässtrecke (etwa 50 mm) ohne Beschädigung überstanden, blieben auch weiterhin bis auf den normalen Verschleiß unbeschädigt.

Da die Schneidplatte im Messerkopf geklemmt war, ist der Grund dafür in inneren Spannungen zu suchen. Es liegt die Vermutung nahe, daß es sich dabei um Schleifspannungen handelt. Es sei deshalb in einer Zwischenbetrachtung auf die Herstellung der Schneidplatte eingegangen. Die Form der Schneidplatten wurde im Herstellerwerk vorgesintert und nach der Fertigsinterung an der Freifläche hinterschliffen.

Der Hinterschliff (Abbildung 42) erfolgte durch eine Einzahn-Profilscheibe. Hierbei ergeben sich zwangläufig sehr spitze Kanten a. Die Schleifscheibe hat entlang der stark gezeichneten Linie b Berührung mit der Schneidplatte. Die Wärmeentwicklung beim Schleifen wird entlang Berührungslinie b erfolgen. Nimmt man schätzungsweise an, daß die je Längeneinheit von b in der Zeiteinheit entwickelte Wärmemenge Q an allen Stellen von b gleich sei, so ist leicht einzusehen, daß die Temperatur an den Spitzen a am größten sein muß, und daß der Temperaturgradient $\frac{dQ}{dc}$ innerhalb der Schneidplatte in der Nähe der Spitze a wesentlich größer sein muß als weiter unterhalb in Abbildung 42. Es ist offensichtlich, daß durch diesen großen Temperaturgradienten erhebliche thermische Spannungen im Hartmetall entstehen müssen. Diese Spannungen sind andererseits von vielen Zufälligkeiten beim Schleifvorgang - z.B. vom Abstumpfungsgrad der Scheibe, von unterschiedlichen Zustellungen usw. - abhängig. Dies wäre eine Erklärung dafür, daß bestimmte Zähne Spannungen aufweisen, die wesentlich größer sind als die Spannungen der anderen Zähne. Die zuerst genannten Zähne werden dann sofort bei Beginn des Fräsvorganges ausbrechen, was an der Veränderung des auf dem Werkstück hergestellten Profils genau beobachtet werden konnte. Es ist ferner einleuchtend, daß das bei der oben beschriebenen Schleifmethode entstehende Profil insofern noch nicht für das Gewindefräsen geeignet ist, als an den Kanten a der Abrundungsradius fehlt. Es wurde zunächst von Hand, d.h. mit Siliciumkarbidfeilen angeschliffen. Eine Prüfung des so erhaltenen Profils zeigte jedoch, daß die so hergestellten Abrundungsradien zu klein waren, so daß sich für die

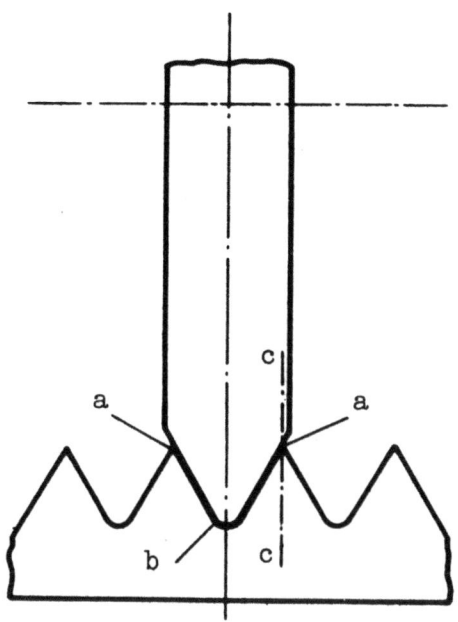

Abbildung 42

Schleifen der Freifläche der Schneidplatten (schematisch)

Versuche der Schneidkantenversatz zu rasch ausbilden würde. Es wurde deshalb an der Spitze eine kleine Kante angeläppt, so daß das Profil annähernd entstand (Abbildung 43).

Bei den folgenden Versuchsreihen an St 50.11 zeigten die Hartmetallplättchen natürlichen Verschleiß bei Schnittgeschwindigkeiten von 425 und 540 m/min. Bei 673 und 855 m/min zeigte sich eine abweichende Verschleißkurve, die auf Schwingungseinflüsse hindeutete.

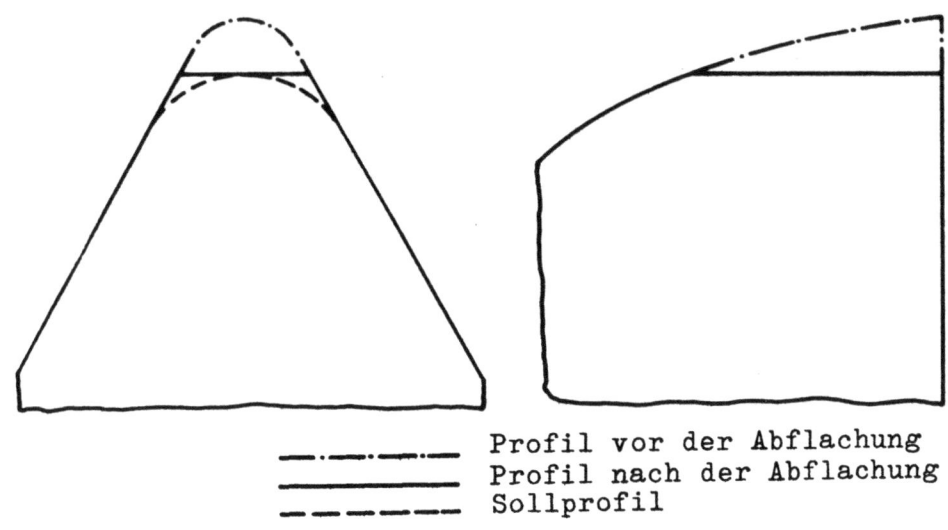

—·—·— Profil vor der Abflachung
——— Profil nach der Abflachung
— — — Sollprofil

Abbildung 43

Gewindezahn vor und nach der Abflachung

Die fünfte Versuchsreihe sollte deshalb Aufschluß geben über das dynamische Verhalten der Maschinen. Es wurde auf einer sehr starren und einer weniger starren Fräsmaschine bei 334 m/min Schnittgeschwindigkeit ein Vergleichsversuch gefahren. Bis zu einem Fräsweg von 2100 mm deckten sich die erhaltenen Verschleißkurven hinreichend genau. Dann mußte der Versuch auf der weniger starren Fräsmaschine abgebrochen werden, da hier ein starkes Rattern des Werkzeuges auftrat. Abbildung 44 zeigt die sich hierbei ergebenden Späne. Im Gegensatz zu den Spänen nach Abbildung 35 besteht hier der Span aus lose zusammenhängenden Lamellen. Vergegenwärtigt man sich, daß jede Lamelle einen Lastwechsel für den Profilzahn bedeutet, so ist die Standzeitverkürzung durch das Auftreten von Ermüdungsbrüchen offensichtlich. Auch ist die Oberfläche des gefrästen Profils durchaus unbefriedigend. Das auf der weniger starren Maschine erhaltene Ergebnis läßt den Zusammenhang zwischen dem Auftreten des Ratterns und der Abstumpfung des Werkzeuges erkennen.

A b b i l d u n g 44
Spanform beim Rattern des Werkzeuges

Auch auf der starren Maschine konnte bei einer Schnittgeschwindigkeit von 425 m/min ein größerer Verschleiß als bei 540 m/min festgestellt werden (Abbildung 45). Es lag daher der Verdacht nahe, daß sich die

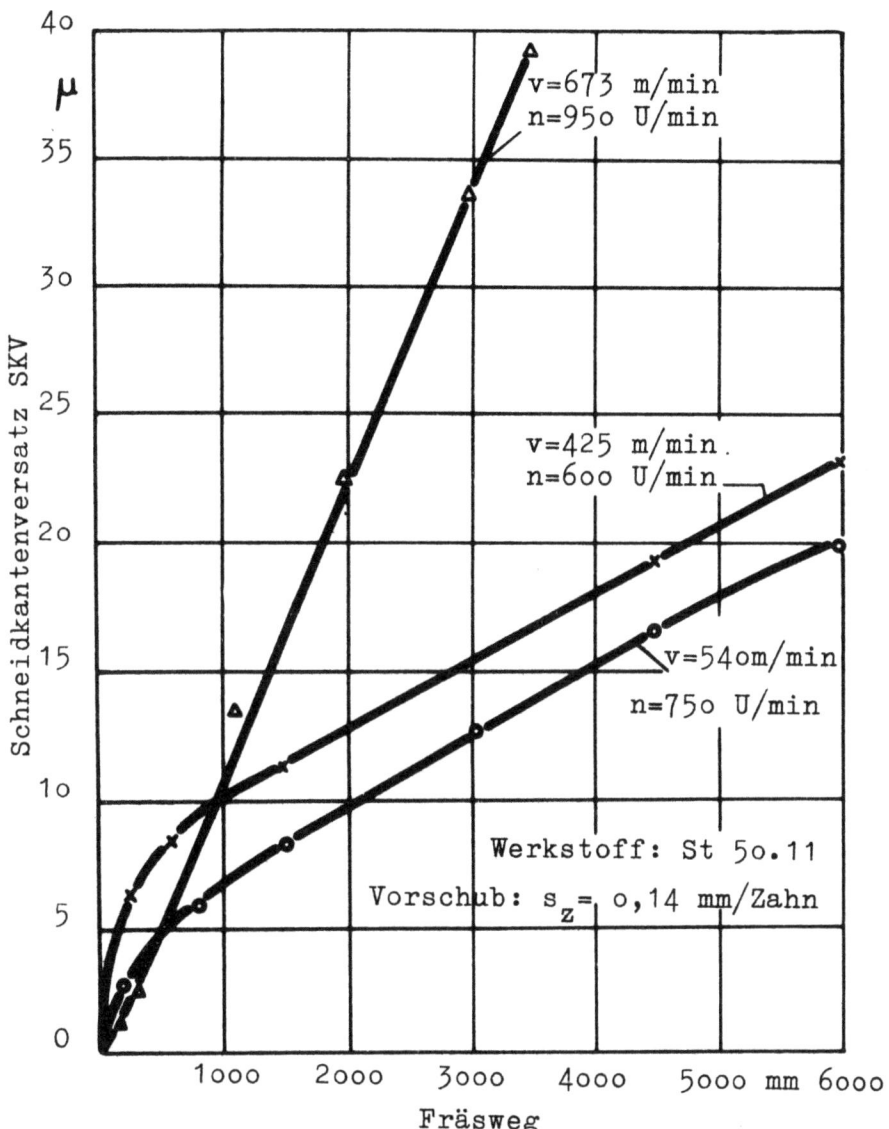

Abbildung 45
Schneidkantenversatz beim Gewindefräsen

Maschine in diesem Falle dynamisch abweichend verhalten muß. Deshalb wurde eine bis etwa 1500 mm Fräsweg abgenutzte Schneidplatte in den Messerkopf gespannt. Bei diesem Verschleißzustand weisen die Verschleißkurven nicht mehr die verhältnismäßig steile Anfangssteigung auf. Bei den drei Drehzahlen, Abbildung 45, wurde die Maschine an vier Stellen mit einem hoch abgestimmten Tastschwingungsgeber abgetastet. Die in den Bildern 46 bis 48 dargestellten 12 Messungen folgten sehr schnell aufeinander, so daß der Verschleiß während der Meßdauer nicht wesentlich zunahm, was nach Beendigung des Versuches durch eine Kontrollmessung des Schneidkantenversatzes bestätigt wurde.

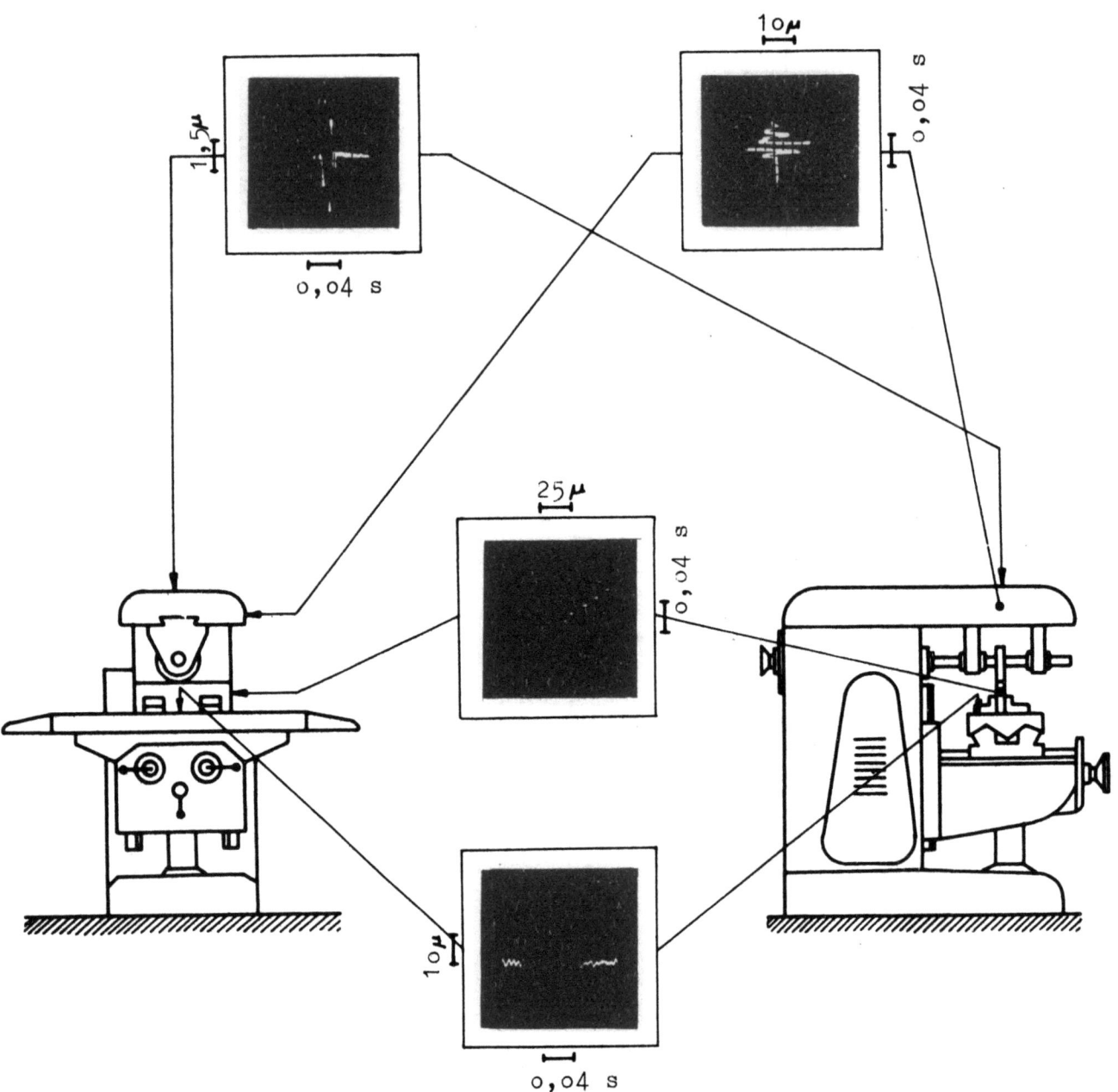

Drehzahl n = 600 U/min   Eingriffsdauer t_e = 0,0525 s

Abbildung 46
Anordnung der Meßstellen bei der Schwingungsuntersuchung

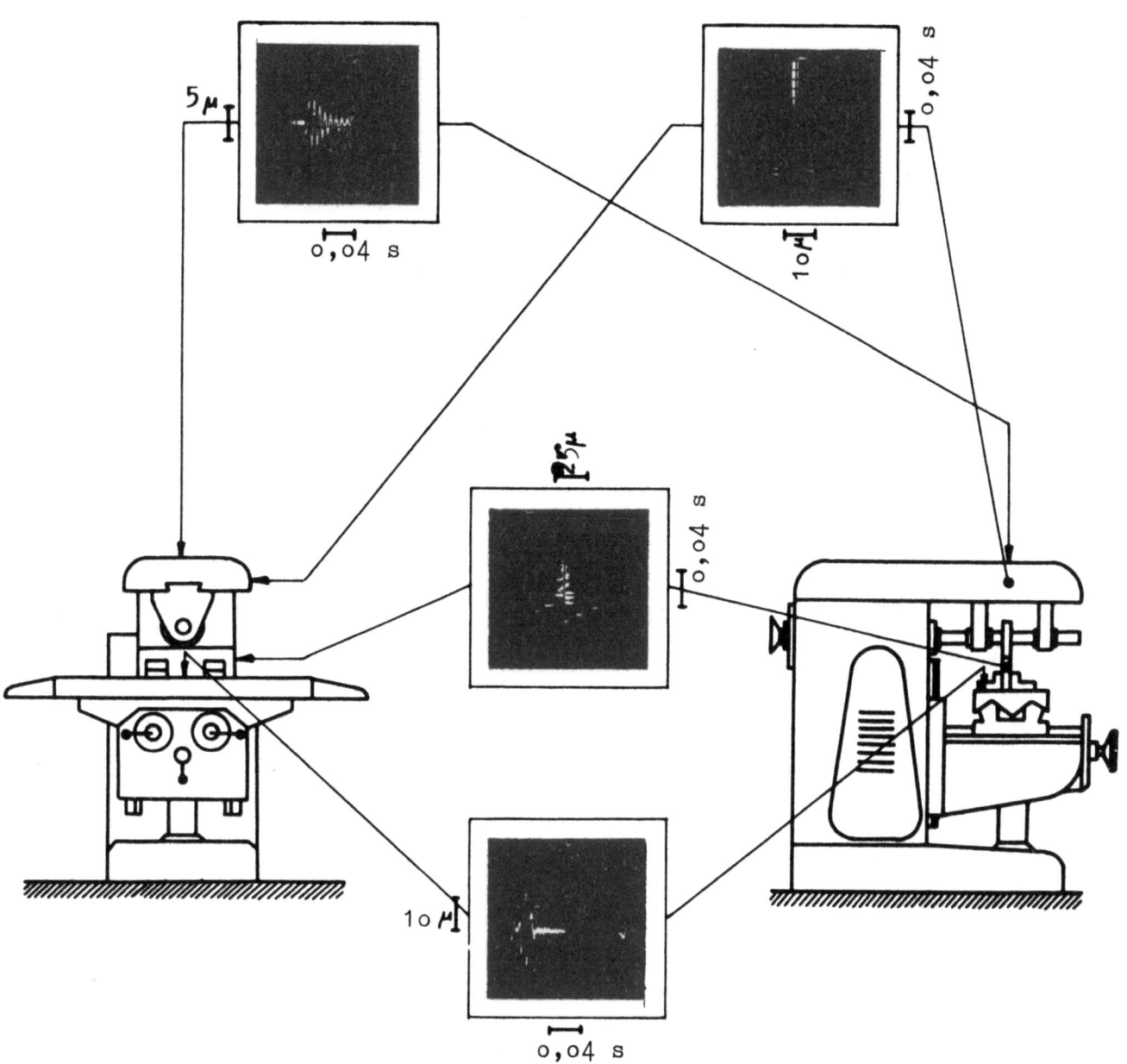

Drehzahl n = 750 U/min   Eingriffsdauer t_e= 0,0432 s

Abbildung 47
Anordnung der Meßstellen bei der Schwingungsuntersuchung

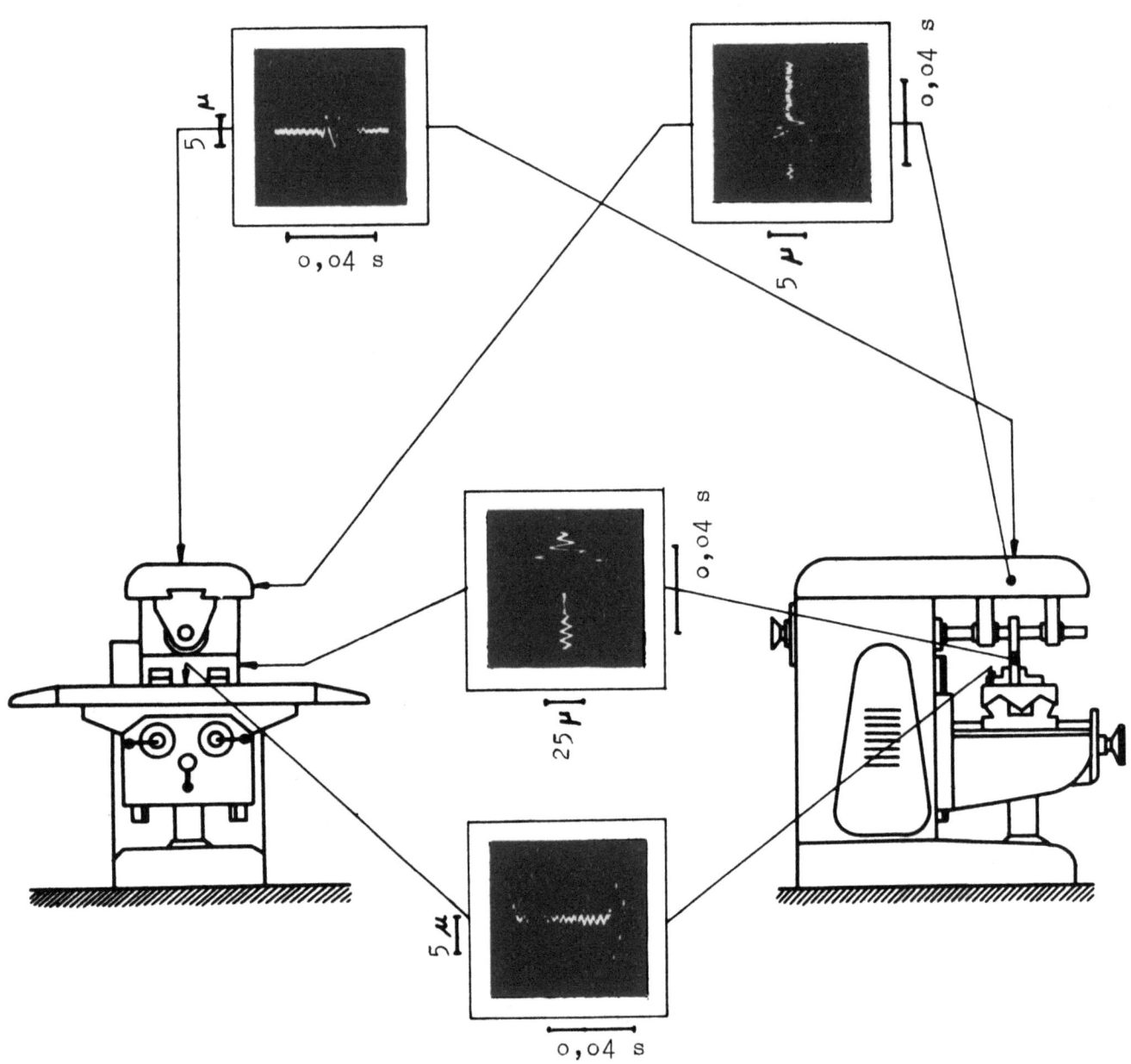

Drehzahl n = 950 U/min   Eingriffsdauer t_e = 0,0360 s

A b b i l d u n g 48

Anordnung der Meßstellen bei der Schwingungsuntersuchung

Die Oszillogramme in den Abbildungen 46 bis 48 liegen so, daß die Amplitudenrichtung mit der Achsenrichtung des Tastschwingungsgebers parallel verläuft. Die Pfeile in diesen Abbildungen deuten die Abtastrichtung an. Bemerkenswert sind die verhältnismäßig großen Amplituden in der Vorschubrichtung des Tisches am Werkstück. Eine solche Amplitude kann sich zusammensetzen aus einer Amplitude des Werkstückes selbst (Schub), sowie der Amplitude der Gewindespindel. Die Frequenz dieser Schwingung ist z.B. in Abbildung 47 größer als in den Abbildungen 46 und 48. Dies hängt offensichtlich mit der freien Federlänge der Gewindespindel zwischen deren Längslager und der am Tisch befestigten Mutter zusammen. Bemerkenswert ist ferner die rasche Abnahme der Amplitude bei höherer Frequenz. Die eingezeichneten Zeitmaßstäbe liegen in der Größenordnung der Eingriffsdauer t_e des Werkzeuges.

Obwohl die Messungen insofern unvollständig sind, als die Drehschwingungen der Frässpindel nicht gemessen werden konnten, (es stand hierfür kein Meßgerät zur Verfügung), so ist doch der Zusammenhang zwischen dem Verschleiß der Schneidplatte und dem Schwingungsverhalten der Maschine, soweit untersucht, unverkennbar.

In der sechsten Versuchsreihe wurden die Einflüsse des Werkstoffes und des Spanwinkels bei konstanter sonstiger Werkzeugform (Freiwinkel und Profil) untersucht. Bei einer Verminderung des Spanwinkels von 5° auf 0° zeigte sich ein bemerkenswert besseres Verschleißverhalten, Abbildung 49. Bei St. 70.11 und 5° Spanwinkel wurden die Verschleißkurven b + c (Abbildung 49) bei zwei verschiedenen Schneidplatten erreicht. Hier zeigt sich die Notwendigkeit zur Verkleinerung des Spanwinkels - evtl. zu negativen Werten - bei Stählen höherer Festigkeit.

Die siebente Versuchsreihe befaßte sich mit einem veränderten Zustellverfahren. Anlaß dazu gab die ungünstige Spanbildung. Es werden hierbei zwei Schnitte genommen, bei denen das Gewindeprofil nach Abbildung 50 ausgearbeitet wurde. Der grundlegende Gedanke war, beim ersten Schnitt etwa 1/4 des Profilquerschnittes bei verhältnismäßig hoher Spanstauchung zu nehmen, während beim zweiten Schnitt 3/4 des Profilquerschnittes ähnlich wie bei den anderen Fräsverfahren abgenommen wird, d.h. der Spanabfluß ist beim zweiten Schnitt wesentlich unbehinderter.

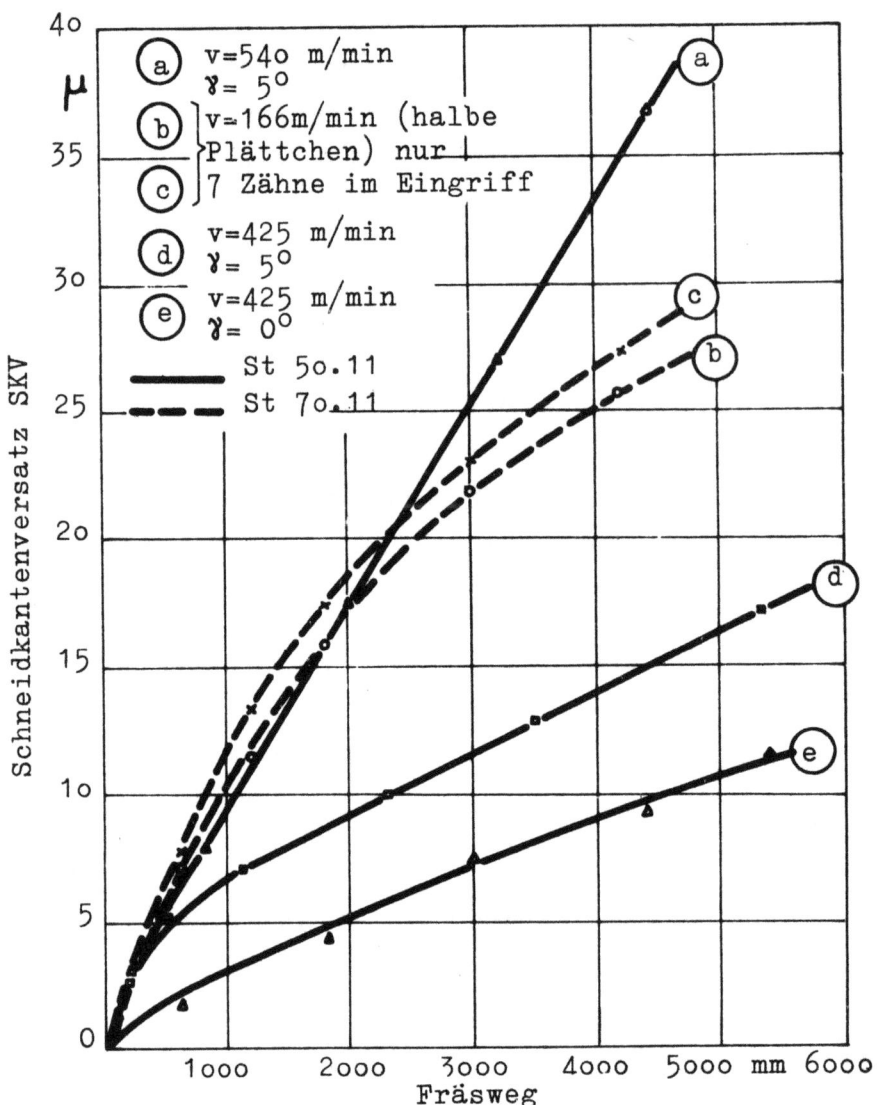

Abbildung 49

Einfluß des Werkstoffes und des Spanwinkels auf den Schneidkantenversatz SKV

Die hierbei gewonnenen Ergebnisse zeigten, daß die beim ersten Schnitt anfallenden Späne eine wesentlich niedrigere Temperatur annahmen, die Anlaßfarben der Späne waren gelb. Beim zweiten Schnitt kam eine Schnittkraftkomponente parallel zur Messerkopfachse zustande. Dies machte sich bei dem verwendeten Messerkopf, Abbildung 49, durch ein Wandern der Schneidplatte bemerkbar, da die achsiale Schnittkraftkomponente impulsartig auftritt. Auch ein später angebrachter Anschlag brachte keine Abhilfe.

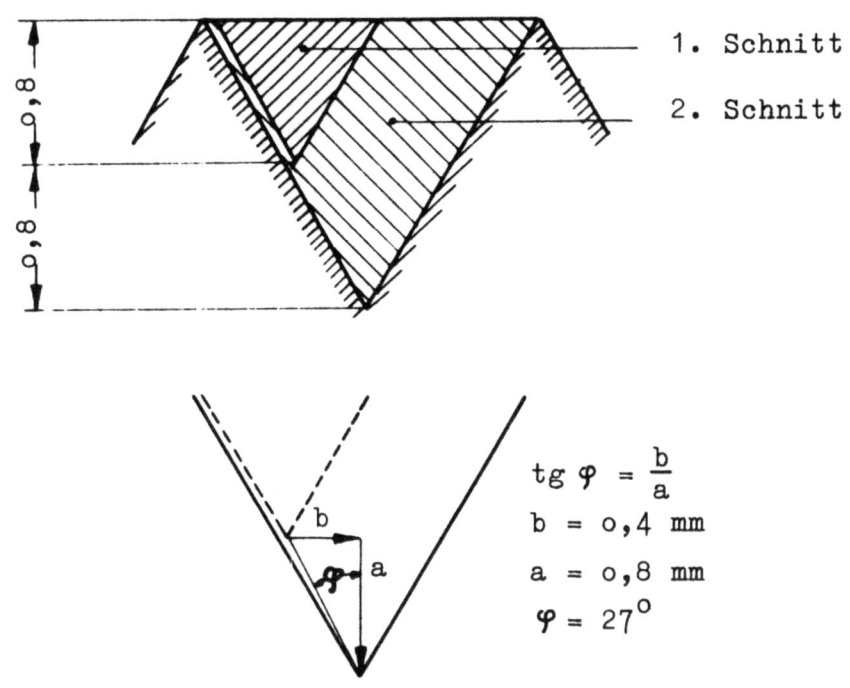

Abbildung 50
Zustellverfahren für zwei Schnitte

V. Entwurf eines Sonderwerkzeuges auf Grund der Versuchsergebnisse

An Hand eines Ausführungsbeispieles wird ein Messerkopf beschrieben, der sich für den Hartmetalleinsatz beim Gewindefräsen eignet.

Es hat sich gezeigt, daß die Gefahr des Ausbruches der Profilspitzen von den nur schwer kontrollierbaren inneren Spannungen der Schneidplatten abhängt. Die sich hieraus ergebenden Forderungen lauten:

1. Aufteilung der bisher angewandten Platte in mehrere auswechselbare Fräsmesser, deren jedes möglichst wenige Zähne aufweist.

2. Leichte Nachschleifarbeit zur Wiederherstellung des Profils, d.h. die Möglichkeit, verhältnismäßig große Änderungen des Profils bei geringem abzuschleifendem Hartmetallvolumen zu erreichen.

3. Das Werkzeug soll bei der Herstellung des Profils möglichst nur Punktberührungen mit der Schleifscheibe aufweisen (Verbesserung des Schleifverfahrens nach Abbildung 42).

Durch die Aufteilung der bisher verwendeten Schneidplatte nach Punkt 1 darf ferner das Einrichten der einzelnen Schneidplatten auf genauen

Durchmesser nicht zu viel Zeit beanspruchen, woraus sich die Forderungen ergeben:

4. Leichte Nachstellbarkeit der einzelnen Schneidplatten.

5. Austauschbarkeit der einzelnen Schneidplatten.

Ferner soll

6. Das in Abbildung 50 gezeigte Zustellverfahren angewandt werden können, wobei sich die achsialen Schnittkraftkomponenten aufheben, da die Spindellagerungen der marktgängigen Gewindefräsmaschinen nicht für die Aufnahme größerer Achsialkräfte ausgelegt sind.

7. Endlich sollten der Messerkopf und dessen Einsätze mit geringen Kosten herzustellen sein.

Auf Grund dieser Forderungen wurde dann der Messerkopf nach Abbildung 51 entworfen. Die Schneidplatten besitzen nur noch vier Zähne, womit Punkt 1 Rechnung getragen ist. Die Zähne haben eine wesentlich gröbere Teilung; das dabei entstehende Profil braucht nur an seinen Spitzen nachgeschliffen zu werden. Die Schneidplatten werden gelötet; sie können dabei unterteilt werden, so daß z.B. bei Ausbruch eines Zahnes die drei übrigen des Einsatzes unversehrt herausgelötet werden können. Durch eine verhältnismäßig geringe Dicke der Schneidplatte kann eine Profiländerung bzw. -wiederherstellung bei geringem abgeschliffenem Volumen erfolgen. Durch die Aufteilung des Werkzeugprofils in gröbere Zähne der doppelten oder einer ganzzahligen vielfachen Teilung, die lediglich an ihren Spitzen nachgeschliffen werden müssen, wird es möglich, für den Nachschliff der Freifläche bei Verwendung einer geeigneten Schleifvorrichtung Schleifscheiben mit der Form der Sägenschärfscheiben einzusetzen. Die hier erreichte Punktberührung zwischen Schleifscheibe und Werkzeug in der Darstellung der Abbildung 42 mildert die Ursachen für die Wärmespannungen, die ein Ausbrechen der Profilspitzen hervorrufen. Da die Form eines Ausbruches (Abbildung 34) reinen Zufälligkeiten unterliegt, muß das Werkzeug ebenso gut an der Spanfläche nachschleifbar sein. Dies erfordert eine genaue achsiale und radiale Justierung (Punkt 4).

Die Einstellung der Einsätze in achsialer Richtung erfolgt dadurch, daß ein Zahnprofil in die Seitenfläche des Körpers 1, (Abbildung 51) und in die mit in Eingriff kommenden Anlageflächen der Einsätze 4 eingearbeitet

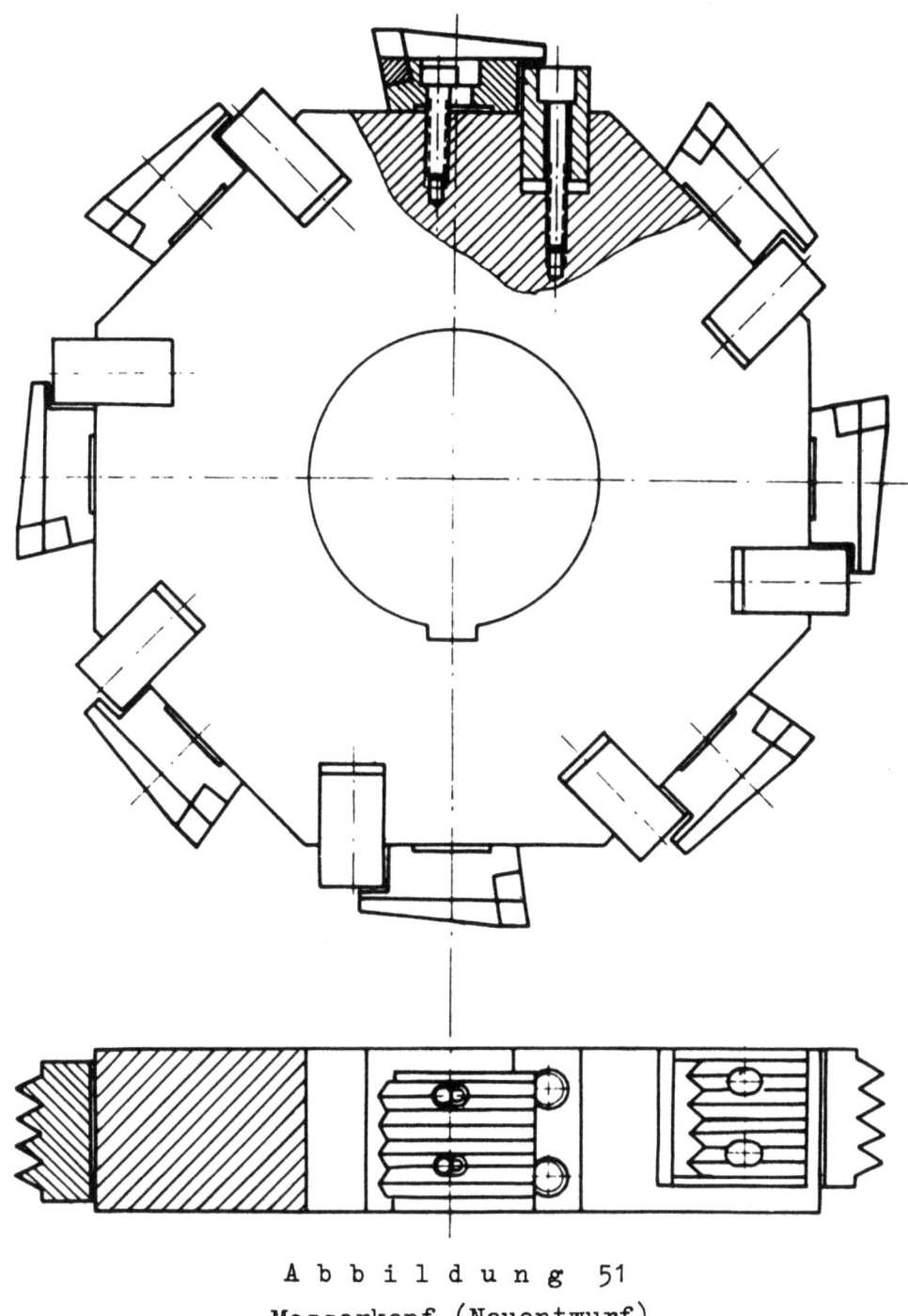

Abbildung 51
Messerkopf (Neuentwurf)

ist. Ferner ist eine Schleifvorrichtung so auszubilden, daß die Einsätze 4 beim Nachschliff ebenfalls durch ein entsprechendes Zahnprofil in achsialer Richtung aufgenommen werden.

Die Nachstellbarkeit in radialer Richtung wird dadurch erreicht, daß die Einsätze 4 in Umfangsrichtung auf dem Grundkörper 1 verschoben werden, wodurch sich der Abstand der Schneidkante zur Achse z.B. vergrößert, wenn diese Verschiebung entgegen dem Uhrzeigersinn erfolgt. Dabei können zur Sicherung dieser Lage zwischen den Einsätzen 4 und den Stützkörpern

2 Beilagebleche eingelegt werden. Im gewählten Beispiel (Zahnteilung der Schneidplatte 4 mm; Gewindesteigung 2mm) können je vier Einsätze untereinander ausgetauscht werden. Werden die Schneidplatten hingegen unter Berücksichtigung von Punkt 6 ausgebildet, so sind nur noch je **zwei** Schneidplatten untereinander austauschbar.

Die Aufteilung der Zerspanungsarbeit gemäß Punkt 6 zeigt Abbildung 52 schematisch. Die Rückdruckkräfte P_{III} sind stets so gerichtet, daß eine Beanspruchung der Hartmetallschneidplatte auf Zug im wesentlichen vermieden wird.

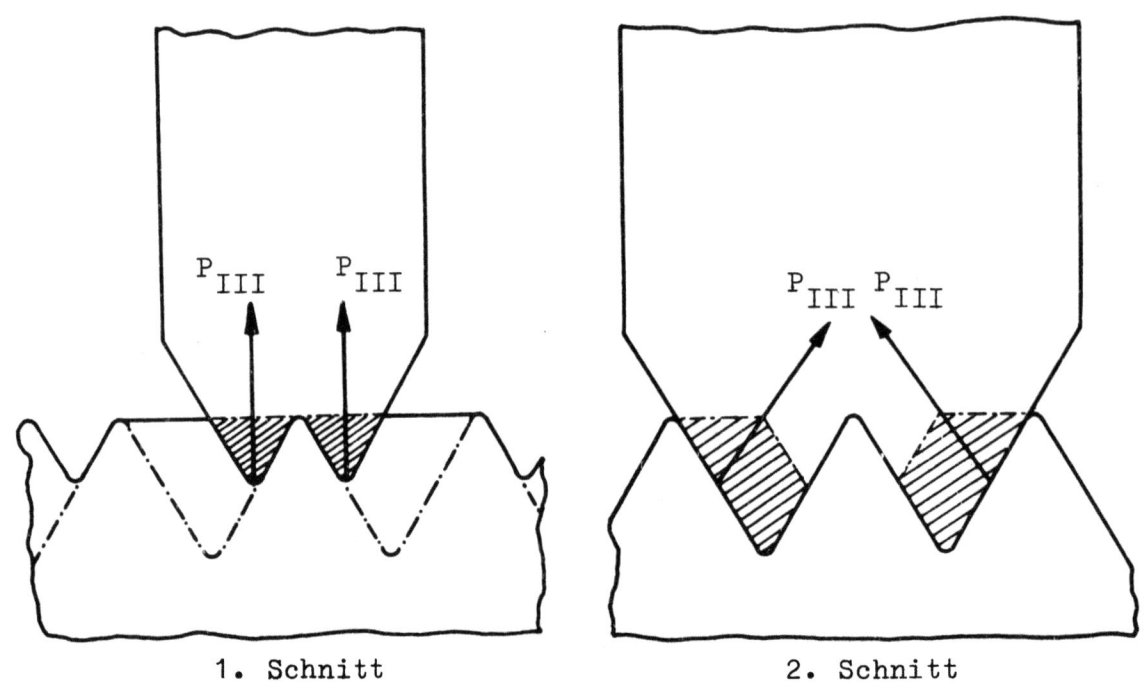

1. Schnitt 2. Schnitt

Abbildung 52
Spanabnahme des Werkzeuges

VI. Zusammenfassung

Die vorliegende Untersuchung über den Hartmetalleinsatz beim Fräsen von Spitzgewinden hat gezeigt, daß neben den normalen Einflüssen auf den Werkzeugverschleiß (Schnittgeschwindigkeit, Vorschub, Schneidengeometrie und Werkstoff) noch einige weitere stärker als beim Fräsen anderer Profile in Erscheinung treten. Diese Einflüsse erstrecken sich im wesentlichen auf das Werkzeug und seine Aufbereitung, sowie auf die Maschine. Auf Grund der bei den Versuchen gewonnenen Erkenntnisse und unter dem Gesichtspunkt niedriger Werkzeugkosten wurde ein Messerkopf für das Fräsen von Spitzgewinden mit Hartmetall entworfen.

Forschungsberichte des Wirtschafts- und Verkehrsministeriums Nordrhein-Westfalen

C. Der Einfluß der Korngröße auf die Drehbarkeit von unlegiertem Einsatzstahl

I. Einleitung

In der Serien- und Massenfertigung ist die Einhaltung einer gleichmäßigen und guten Zerspanbarkeit aller zur Bearbeitung kommenden Teile eine wesentliche Voraussetzung für den reibungslosen Fluß und damit die Wirtschaftlichkeit der Fertigung. Die Bearbeitung von Massenteilen erfolgt in der überwiegenden Mehrzahl der Fälle auf Einzweckmaschinen oder auf Automaten. Diese Maschinen arbeiten meistens mit konstanten Schnittbedingungen - Drehzahlen, Schnittgeschwindigkeiten und Vorschüben. Die Anpassung der Werkzeuge und Schnittbedingungen an Unterschiede in der Zerspanbarkeit würde bei ihnen zeitraubende und kostspielige Umstellungen erfordern.

Von den vielfältigen Eigenschaften der Werkstoffe hat man lange Zeit hauptsächlich Festigkeitseigenschaften, vorwiegend Zugfestigkeit und Härte, zur Beurteilung der Zerspanbarkeit herangezogen. Die Zerspanungsforschung der letzten Jahre hat aber gezeigt, daß neben diesen sowie den legierungs- und schmelzungsbedingten Einflüssen der Gefügezustand eine mindestens ebenso wichtige Rolle spielt. Besonders in den USA ist man in den letzten Jahren diesen Fragen nachgegangen. Die dort vorwiegend in breit angelegten Betriebsversuchen gewonnenen Erkenntnisse haben ihren Niederschlag in einer Vielzahl von Einzelveröffentlichungen[9] und in zusammengefaßter Form im Machinability Report der US-Luftwaffe[10] gefunden. Im deutschen Schrifttum liegen über dieses Gebiet nur wenige Einzelergebnisse vor.

Auf Anregung des Fachverbandes Gesenkschmieden wurden im Laboratorium für Werkzeugmaschinen und Betriebslehre der Rheinisch-Westfälischen Technischen Hochschule Aachen in Zusammenarbeit mit dem Max-Planck-Institut für Eisenforschung in Düsseldorf Versuche aufgenommen mit dem Ziel,

1. den für die Zerspanung günstigsten Gefügezustand der meist verwendeten Einsatz- und Vergütungsstähle unter besonderer Berücksichtigung des Einflusses der Korngröße zu ermitteln und

2. Möglichkeiten für die Wärmebehandlung der untersuchten Stähle aufzuzeigen, um die geforderten Gefügezustände sicher und wirtschaftlich zu erreichen.

Eine erste Klärung des angeschnittenen Fragenkomplexes wurde durch Auswerten des einschlägigen, vorwiegend US-amerikanischen Schrifttums in Verbindung mit den Auskünften einer Reihe namhafter deutscher Werke der eisenschaffenden, Gesenkschmiede- und weiterverarbeitenden Industrie erzielt. Hierüber wurde auf dem 5. Aachener Werkzeugmaschinenkolloquium ausführlich berichtet[8]. Als wesentlichstes Ergebnis sei hier noch einmal festgehalten, daß für Stähle mit niedrigem bis mittlerem Kohlenstoffgehalt, d.h. für die Einsatzstähle sowie Vergütungsstähle mit niedrigerem Kohlenstoffgehalt ein ferritisch-lamellar-perlitisches Gefüge, für Stähle mit höherem Kohlenstoffgehalt der Gefügezustand des körnigen Perlits als am günstigsten anzusehen ist. Ungleichmäßige Korngröße und stark ausgeprägtes Zeilengefüge werden allgemein für ungünstig gehalten. Festzustellen, wie weit eine erhöhte Korngröße die Zerspanbarkeit verbessert, war Aufgabe der vorliegenden Untersuchung.

II. Versuchswerkstoffe

Für die Versuche wurde vom Hüttenwerk Rheinhausen unlegierter Einsatzstahl Ck 15 aus zwei verschiedenen Schmelzen zur Verfügung gestellt. Die chemische Zusammensetzung ist in Tabelle 4 wiedergegeben.

Tabelle 4
Chemische Zusammensetzung der Versuchswerkstoffe

	C %	Si %	Mn %	P %	S %	Cr %	Mo %
1. Schmelze	0,14	0,28	0,42	0,020	0,026	--	--
2. Schmelze	0,11	0,26	0,35	0,030	0,025	0,02	0,01

Das Versuchsmaterial wurde im Max-Planck-Institut für Eisenforschung fünf verschiedenen Wärmebehandlungen zur Erzielung einer differenzierten Korngröße -normal bis grob- unterworfen. In den Tabellen 5 und 6 sind die Ergebnisse der technologischen Prüfung der beiden Versuchsschmelzen zusammengestellt. Sie wurden ebenfalls im Max-Planck-Institut für Eisenforschung ermittelt.

Die Abbildungen 53 bis 57 zeigen als Beispiel die bei den verschiedenen Wärmebehandlungen erzielten Gefügeausbildungen (a. jeweils für den Rand, b. für den Kern der Proben) bei der Schmelze 2, sowie Abbildung 58 das

Forschungsberichte des Wirtschafts- und Verkehrsministeriums Nordrhein Westfalen

Tabelle 5

Wärmebehandlung und mechanische Werte der Zerspanungsproben des Stahles Ck 15, 1. Schmelze

Wärmebehandlung	Härte H_B	Ergebnisse der Zerreissversuche					Kerbschlagwerte mkg/cm^2			Bem.
		σ_{sO} kg/mm^2	σ_{sU} kg/mm^2	σ_{zB} kg/mm^2	δ_5 %	ψ %				
890°/Luft	134	-	-	-	-	-	$11,7^x$	$11,5^x$	$17,0^x$	Kern
	122	31,5	27,9	44,6	36,2	67,0	-			Rand
1100°C/Luft	126	25,9	24,2	45,6	35,4	62,0	11,6	$12,9^x$	$10,9^x$	Kern
	117	26,8	24,2	43,1	37,8	65,0	-			Rand
890°C/Ofen	113	23,4	20,9	42,2	35,0	55,0	5,6	2,5	8,6	Kern
	102	23,9	23,4	44,2	32,8	55,0	-			Rand
950°C/Ofen	118	22,5	20,1	39,2	36,8	63,0	2,0	1,8	2,3	Kern
	103	23,2	21,0	39,9	37,0	63,0	-			Rand
1100°C/Ofen	121	21,9	21,6	43,6	33,2	54,0	1,7	4,3	4,1	Kern
	112	21,6	19,7	40,0	36,4	62,0	-			Rand

x Probe durchgezogen

Forschungsberichte des Wirtschafts- und Verkehrsministeriums Nordrhein Westfalen

T a b e l l e 6

Wärmebehandlung und mechanische Werte der Zerspanungsproben des Stahles Ck 15, 2. Schmelze

Wärmebehandlung	Härte H_B	Ergebnisse der Zerreissversuche					Kerbschlagwerte mkg/cm²		Bem.
		σ_{so} kg/mm²	σ_{su} kg/mm²	σ_{zB} kg/mm²	δ_5 %	ψ %			
890°C/Luft	123	28,9	27,3	46,9	33,6	62	13,0	12,6[x]	Kern
	115	25,6	25,1	42,2	37,8	68	19,3[x]	18,4[x]	18,1 11,6[x]	Rand
1100°C/Luft	118	23,7	–	44,1	34,8	63	12,1[x]	11,4[x]	Kern
	114	23,4	–	41,7	36,6	66	14,1[x]	15,4[x]	14,6 13,6[x]	Rand
890°C/Ofen	106	24,0	21,8	39,4	36,6	64	3,6	3,9	Kern
	106	25,5	21,5	38,9	35,6	65	3,1	3,2	6,4 7,0	Rand
950°C/Ofen	106	22,4	20,6	39,1	37,6	64	5,4	4,6	Kern
	106	21,8	20,6	39,0	37,6	64	2,6	3,9	2,6 6,1	Rand
1100°C/Ofen	104	20,4	18,6	37,8	36,6	66	2,1	2,4	Kern
	104	18,6	17,8	38,1	38,2	65	1,8	1,6	2,9 1,8	Rand

x Probe durchgezogen

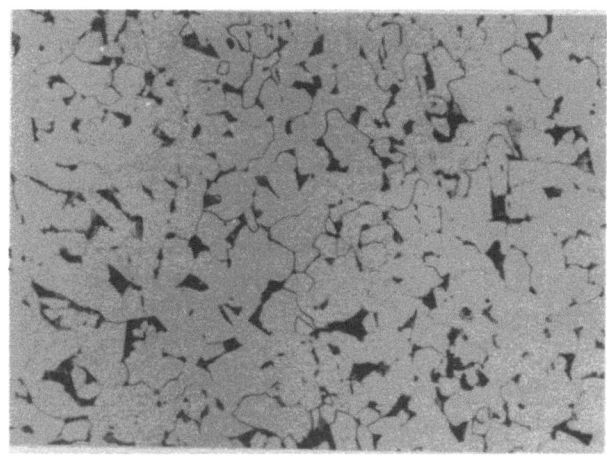 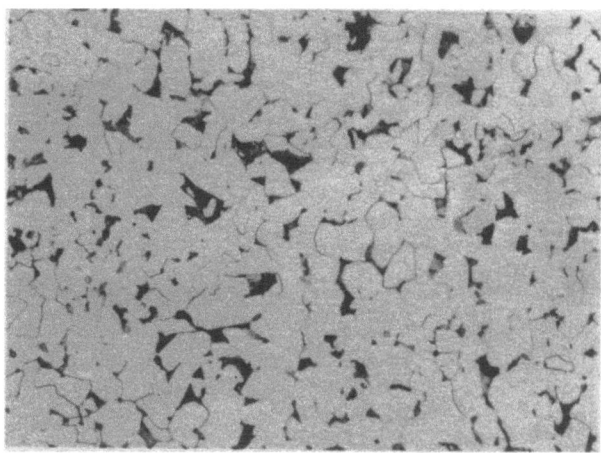

a b

Abbildung 53

Werkstoff Ck 15, 2.Schmelze. a: Rand   Behandlung 890° C/Luft. b: Kern
Vergrößerung 100 : 1, Ätzung: alkoholische Salpetersäure

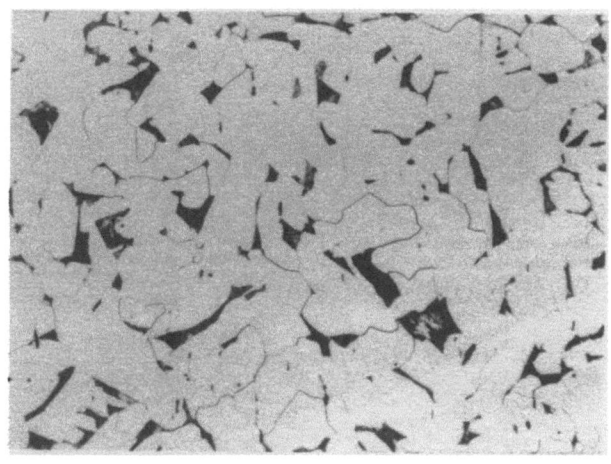 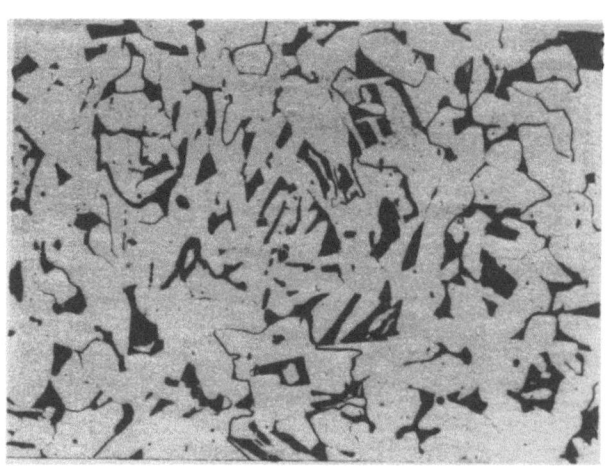

a b

Abbildung 54

Werkstoff Ck 15, 2.Schmelze. a: Rand   Behandlung 1100° C/Luft. b: Kern
Vergrößerung 100 : 1, Ätzung : alkoholische Salpetersäure

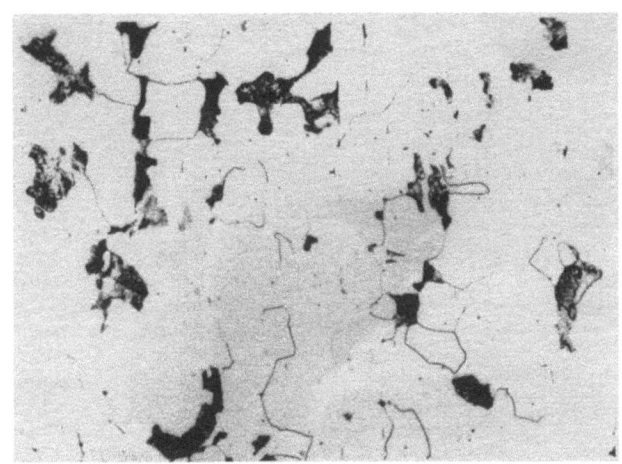 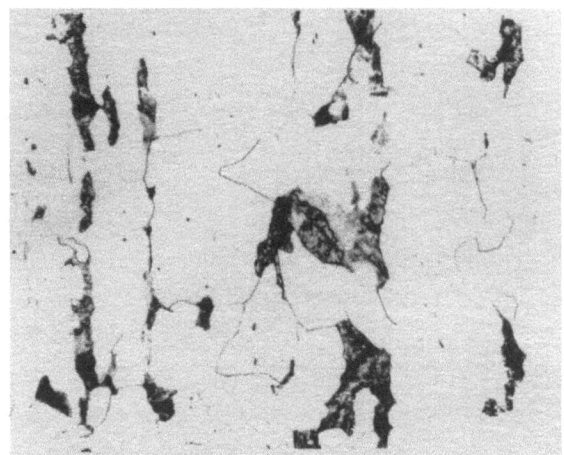

a   b

Abbildung 55

Werkstoff Ck 15, 2. Schmelze. a: Rand   Behandlung 890°C / Ofen. b: Kern
Vergrößerung 100 : 1, Ätzung : alkoholische Salpetersäure

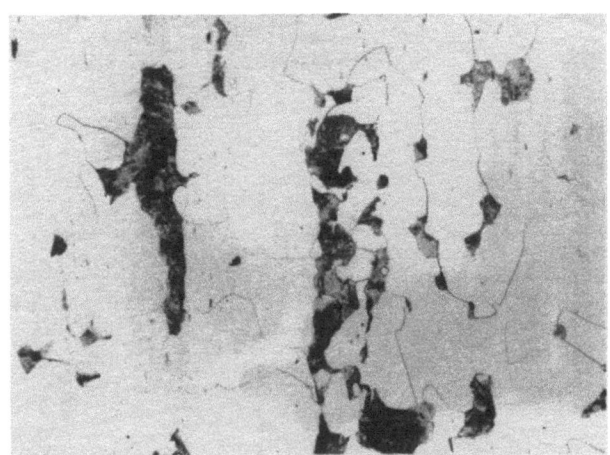 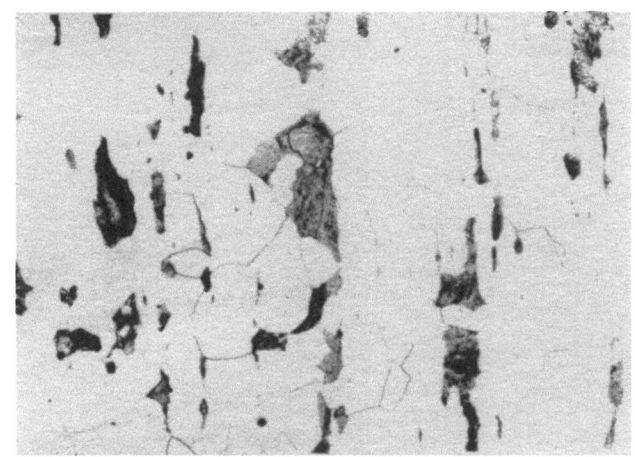

a   b

Abbildung 56

Werkstoff Ck 15, 2.Schmelze. a: Rand   Behandlung 950° C / Ofen. b: Kern
Vergrößerung 100 : 1, Ätzung : alkoholische Salpetersäure

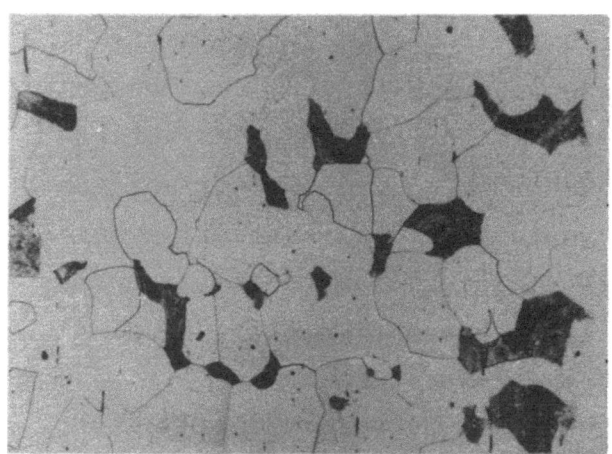 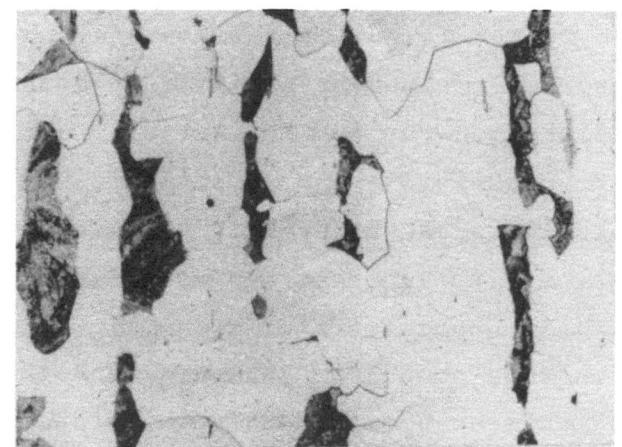

a   b

Abbildung 57

Werkstoff Ck 15, 2.Schmelze. a: Rand   Behandlung 1100° C/Ofen. b: Kern
Vergrößerung 100 : 1, Ätzung : alkoholische Salpetersäure

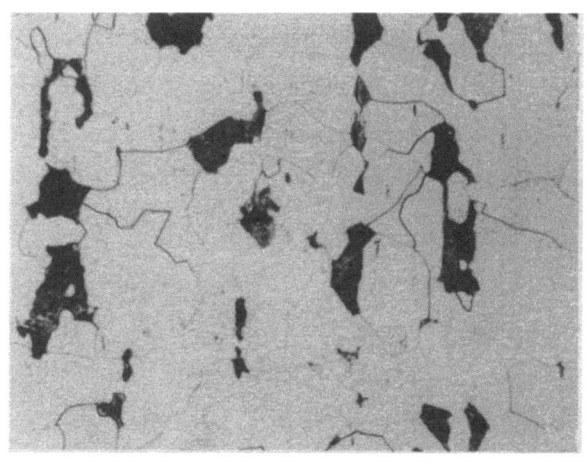 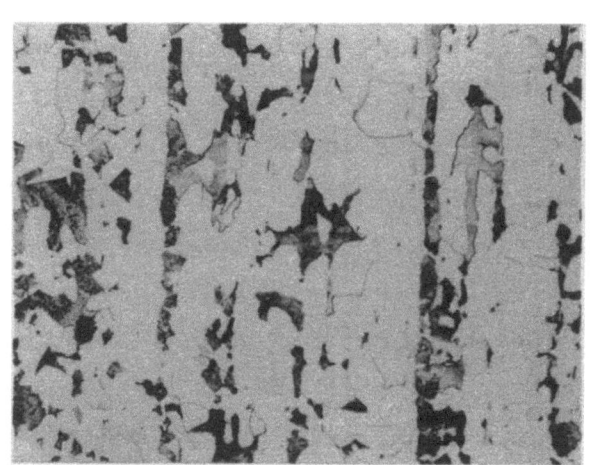

a   b

Abbildung 58

Werkstoff Ck 15, 1.Schmelze. a: Rand   Behandlung 950° C/Ofen. b: Kern
Vergrößerung 100 : 1, Ätzung : alkoholische Salpetersäure

Gefüge des von 950° C im Ofen abgekühlten Werkstoffes der ersten Schmelze. Sie zeigen bei allen Wärmebehandlungen eine gleichmäßige Gefügeausbildung über den Probenquerschnitt und lassen weiterhin entsprechend den Gesetzmäßigkeiten für das Kornwachstum eine Kornvergröberung mit höher werdender Austenitisierungstemperatur (890° C bis 1100° C) und kleiner werdender Abkühlungsgeschwindigkeit (Ofenabkühlung gegenüber Luftabkühlung) erkennen. Die Abbildungen 56 und 58 zeigen darüberhinaus, daß bei einer Austenitisierungstemperatur von 950° C mit anschließender Ofenabkühlung die Korngröße sowohl im Rand als auch im Kern weniger einheitlich ist als bei den anderen Wärmebehandlungszuständen. Ferner ist zu sehen, daß eine verlangsamte Abkühlung die Entstehung von Zeilengefüge begünstigt, während bei der schnelleren Luftabkühlung diese Erscheinung hintangehalten wird. Dieses Verhalten steht in Übereinstimmung mit den Ergebnissen der Schrifttumsauswertung[8] und wird auch aus Betriebserfahrungen bestätigt. Die erste Charge des untersuchten Werkstoffes zeigte das gleiche Verhalten. Nur war entsprechend dem etwas höheren Kohlenstoffgehalt der Perlitanteil im Gefüge geringfügig höher.

III. Meßgrößen

Auch in den vorliegenden Versuchsreihen ist die Werkzeug-Standzeit die wichtigste Bewertungsgröße der Zerspanbarkeit. Ihr Ende ist gekennzeichnet durch das Erreichen eines bestimmten zulässigen Verschleißzustandes des Werkzeuges auf Frei- und Spanfläche. (Siehe hierzu auch Abschnitt A, Planfräsen von Stahl mit Hartmetall, Absatz III, Seite 12 ff.) Als weitere wichtige Bewertungsgröße der Massenfabrikation mit ihren hohen Anforderungen an die Maßhaltigkeit der bearbeiteten Teile kommt der Beschaffenheit der Oberfläche eine besondere Bedeutung zu. Neben der Standzeit, in bekannter Weise als Verschleißstandzeit ermittelt, wurde deshalb auch die Rauhigkeit der gedrehten Oberfläche in Abhängigkeit von der Schnittgeschwindigkeit bei verschiedenen Wärmebehandlungen ermittelt.

Um zu einer umfassenden Beurteilung zu gelangen, wurden gleichzeitig die Schnittkräfte (Haupt- und Rückkraft) sowie die Thermospannung an der Schnittstelle gemessen. Die Thermospannung wurde im Einmeißelverfahren nach Gottwein[11] (Abbildung 59) bestimmt. Dieses Verfahren ist wie die meisten der heute noch üblichen Temperaturmeßverfahren bei Zerspanungsvorgängen ein integrierendes Meßverfahren. Auf Grund der Mängel, die diesem

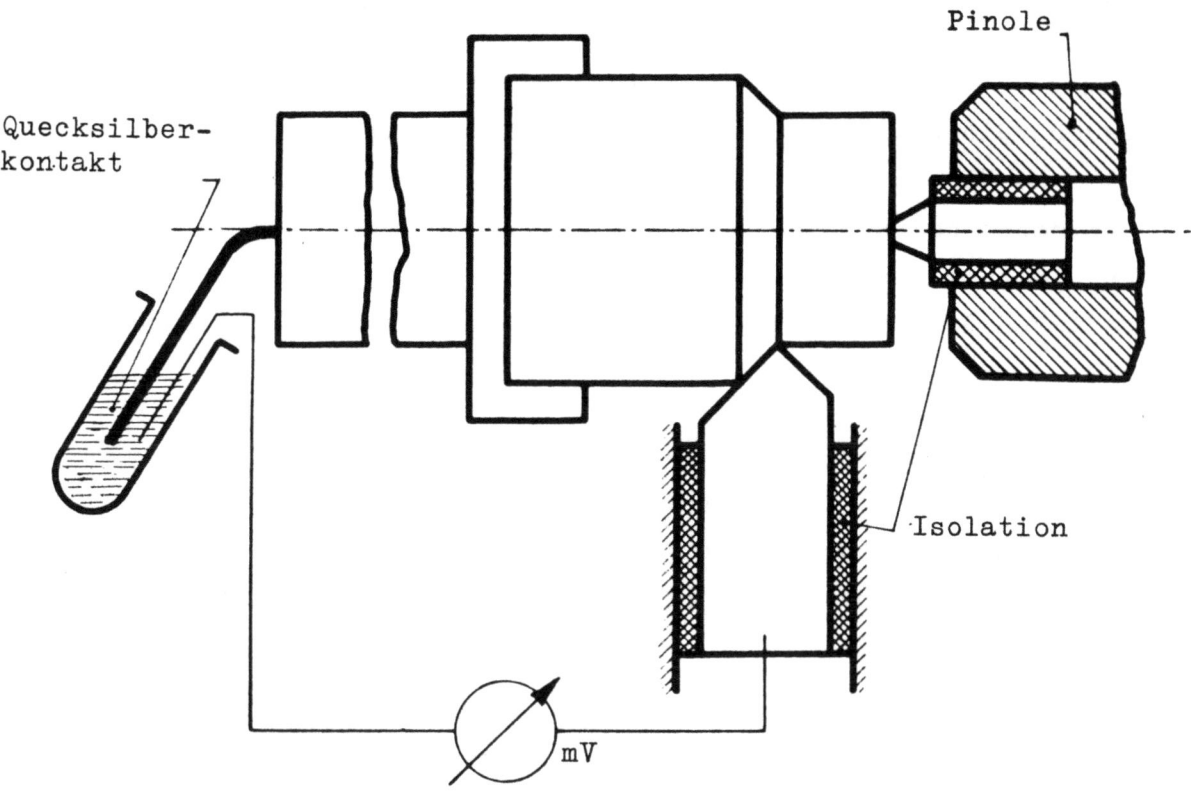

Abbildung 59
Messung der Thermospannung im Einmeißelverfahren

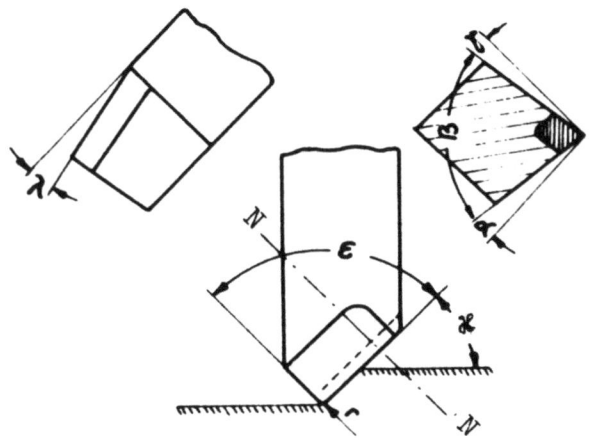

Abbildung 60
Winkel am Drehwerkzeug

Verfahren eigentümlich sind[12], wurde auf eine Temperatureichung in dieser Versuchsreihe verzichtet. Dies geschah auch mit Rücksicht darauf, daß die statische Eichung relativ lange Einwirkungszeiten der Temperatur auf das Eichelement bedingt und nur dazu führt, den Einfluß des Gefüges auf die Meßgröße zu verfälschen. Ferner wurde noch die Spanstauchung in Abhängigkeit von der Schnittgeschwindigkeit für verschiedene Gefügezustände ermittelt.

IV. Versuchsdurchführung

Die Versuche wurden auf der Heyligenstaedt-Leit- und Zugspindeldrehbank des Laboratoriums für Werkzeugmaschinen und Betriebslehre durchgeführt. Für die stufenlose Einstellung der Drehzahlen war die Maschine mit einem Leonardsatz ausgerüstet.

Die Standzeitversuche erfolgten nach den Richtlinien des Stahl - Eisen - Prüfblattes 1162 - 52 für den Verschleißstandzeitversuch. Danach betrugen der Spanquerschnitt $a \cdot s = 2 \cdot 0{,}25 \text{ mm}^2$ und die Winkel an der Schneide (Abbildung 8)

$\alpha = 8°$ $\qquad\qquad \varkappa = 45°$

$\gamma = 5°$ $\qquad\qquad \lambda = 10°$

$\varepsilon = 90°$ $\qquad\qquad r = 1$ mm

Freifläche und Spanfläche wurden mit einer Diamantscheibe mit einer Korngröße von $30\,\mu$ feinstgeschliffen.

Als Schneidstoff wurde Hartmetall der Qualität L 3 gewählt. Diese Qualität besitzt von den L - Qualitäten eine relativ niedrige Verschleißfestigkeit, ohne daß unzulässig starke Verklebungen zwischen Werkstückstoff und Schneidstoff auftreten. Somit wird gegenüber den verschleißfesteren Sorten L 1 und L 2 der Aufwand an Versuchsmaterial auch bei Langzeitversuchen auf ein erträgliches Maß begrenzt, ohne daß im allgemeinen die Meßgenauigkeit durch Verklebungen auf Frei- und Spanfläche beeinträchtigt wird.

Die Messung der Verschleißmarkenbreite erfolgte in bekannter Weise unter einem Werkstattmeßmikroskop, während der Verschleiß auf der Spanfläche durch Abtasten mit dem Leitz-Forster-Gerät ermittelt wurde.

V. Versuchsergebnisse

Stichversuche vor Beginn der Standzeitversuche zeigten, daß trotz der relativ geringen Verschleißfestigkeit der gewählten Hartmetallsorte ziemlich hohe Schnittgeschwindigkeiten erforderlich waren, um mit den vorhandenen Werkstoffmengen zu einem meßbaren Verschleiß der Werkzeuge zu kommen. Als Beispiel zeigen die Abbildung 61 und 62 die Kurven VB = f (T) in doppellogarithmischen Koordinaten für die Grobkornglühung bei 1100° C

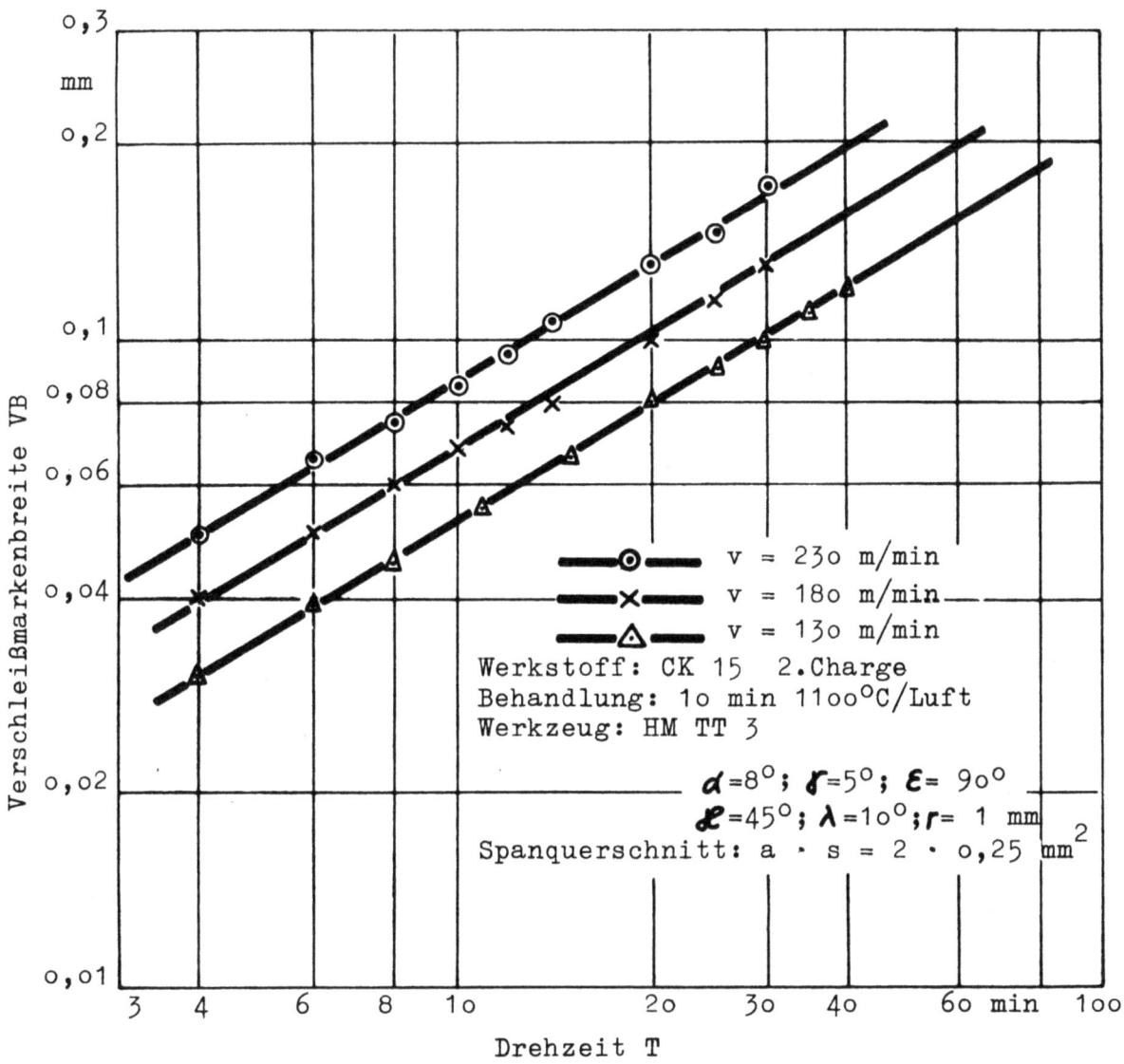

Abbildung 61

Freiflächenverschleiß VB = f (T)

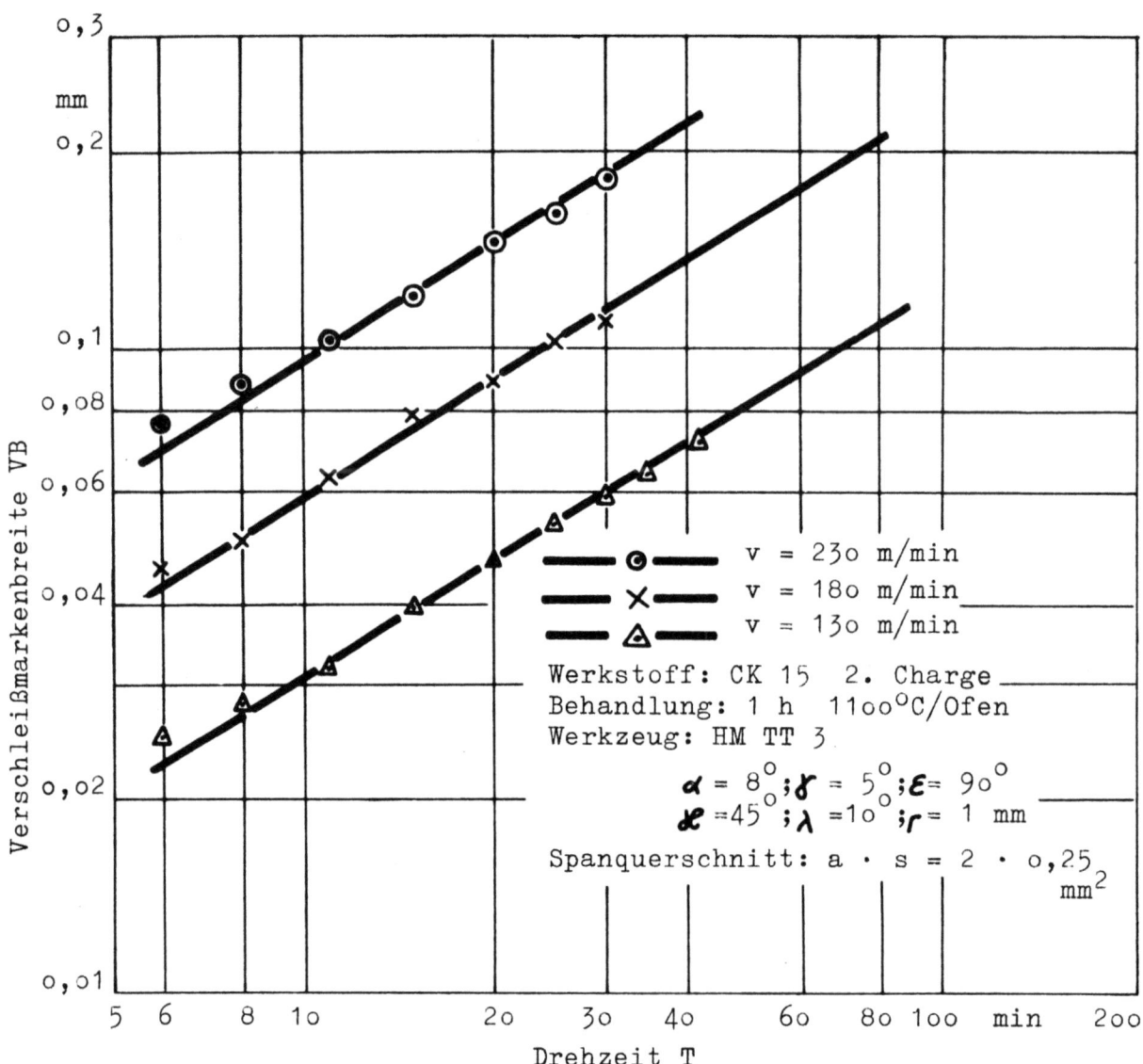

Abbildung 62
Freiflächenverschleiß VB = f (T)

mit nachfolgender Ofen- bzw. Luftabkühlung. Sie lassen erkennen, daß selbst bei einer Schnittgeschwindigkeit von v = 230 m/min eine Verschleißmarkenbreite von 0,2 mm erst nach 35 min Drehzeit erreicht wird.

Auch der Verschleiß auf der Spanfläche blieb trotz der hohen Schnittgeschwindigkeiten verhältnismäßig gering. Die Ursachen dafür dürften darin zu suchen sein, daß einmal die Schnittkräfte (Abbildung 63) sich auf relativ große Berührungsflächen zwischen Span und Spanfläche verteilen. Die

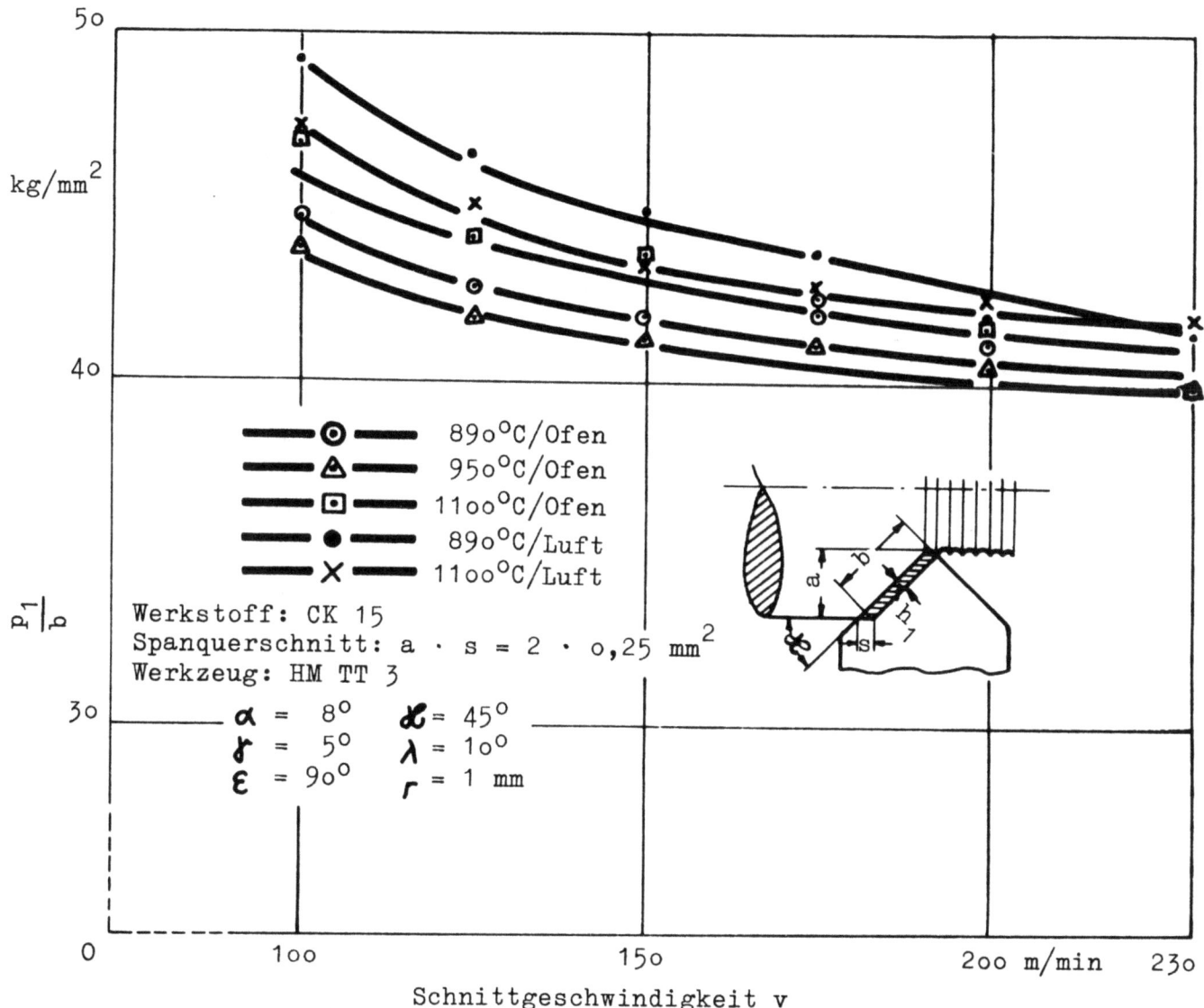

Abbildung 63

Hauptschnittkraft für Spanbreite 1 mm P_1/b in Abhängigkeit von der Schnittgeschwindigkeit

verschiedenen Behandlungszustände ergaben nähmlich bei beiden Schmelzen ziemlich große Spanstauchungen, d.h. aber, daß die Kontaktflächen ebenfalls groß sind, da letztere mit zunehmender Spanstauchung wachsen. Als Beispiel zeigt Abbildung 64 die Spanstauchung in Abhängigkeit von der Schnittgeschwindigkeit bei der zweiten Schmelze. Zum anderen war auch die Wärmebelastung der Schneide ziemlich niedrig. Die große Spanstauchung ergibt kleine Gleitgeschwindigkeiten v_G des Spanes auf der Spanfläche, da $v_G = \frac{v}{\lambda}$, die in Verbindung mit den verhältnismäßig kleinen Reibwerten

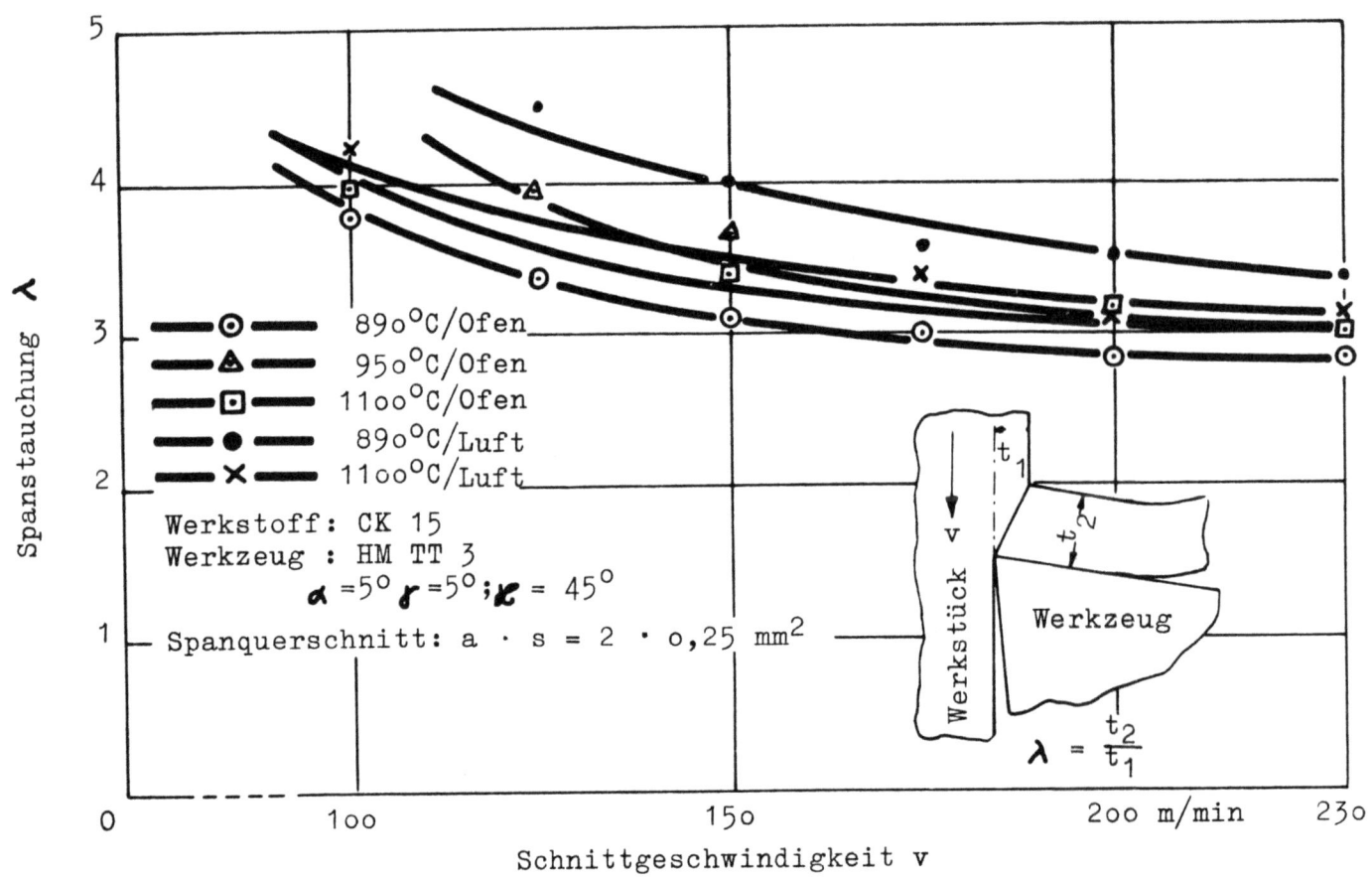

Abbildung 64

Spanstauchung in Abhängigkeit von der Schnittgeschwindigkeit

(Abbildung 65) auch eine geringe Temperaturbelastung der Schneiden ergeben.

Vergleicht man die Schnittkräfte und Reibwerte bei den verschiedenen Wärmebehandlungen, so findet man zwischen ihnen keine ausgeprägten Unterschiede, während die Spanstauchung sich bei den verschiedenen Behandlungszuständen in dem Sinne ändert, daß mit zunehmender Zähigkeit, gekennzeichnet durch Streckgrenze und Kerbschlagwerte (Tabelle 6), d.h. also auch mit feiner werdendem Korn, die Spanstauchung größer wird. Allerdings ändert sich bei den grobkörnigen Zuständen die Spanstauchung mit der Schnittgeschwindigkeit in etwas stärkerem Maße als bei den feinkörnigen. Dies läßt darauf schließen, daß die grobkörnigen Zustände etwas empfindlicher gegen Schnittgeschwindigkeitsänderungen sind.

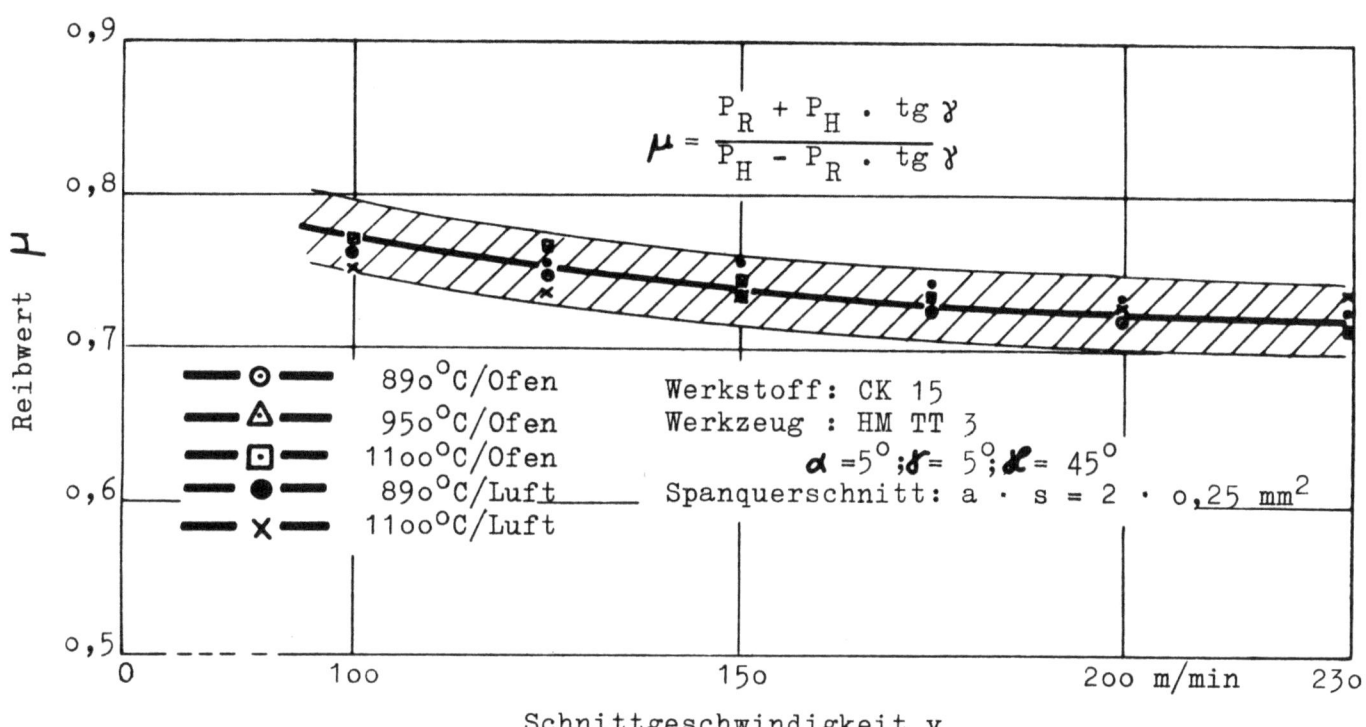

Abbildung 65

Reibwert μ in Abhängigkeit von der Schnittgeschwindigkeit

Auch die Messung der Thermospannungen ergab für die verschiedenen Behandlungen keine sehr großen Unterschiede (Abbildung 66). In ihrem Verlauf aber zeigen die Kurven der Thermospannung in Abhängigkeit von der Schnittgeschwindigkeit ein ähnliches Verhalten wie die Spanstauchung. Die feinkörnigen Zustände weisen nur geringe Änderungen der Thermospannung mit der Schnittgeschwindigkeit auf, während bei den grobkörnigen Zuständen sich die Thermospannung stärker mit der Schnittgeschwindigkeit ändert. Während im oberen Schnittgeschwindigkeitsbereich die Thermospannungen der grobkörnigen Proben höher liegen, wie es auf Grund der Spanstauchung auch zu erwarten ist, sinken sie bei den niedrigeren Schnittgeschwindigkeiten zum Teil noch unter die bei den feinkörnigen Proben ermittelten Werte ab. Dieses Verhalten ist eine Bestätigung für die an die Spanstauchung geknüpfte Überlegung und bedeutet, daß bei den grobkörnigen Zuständen die Wärmebelastung der Schneide mit abnehmender Schnittgeschwindigkeit in stärkerem Maße verringert wird als bei den feinkörnigen.

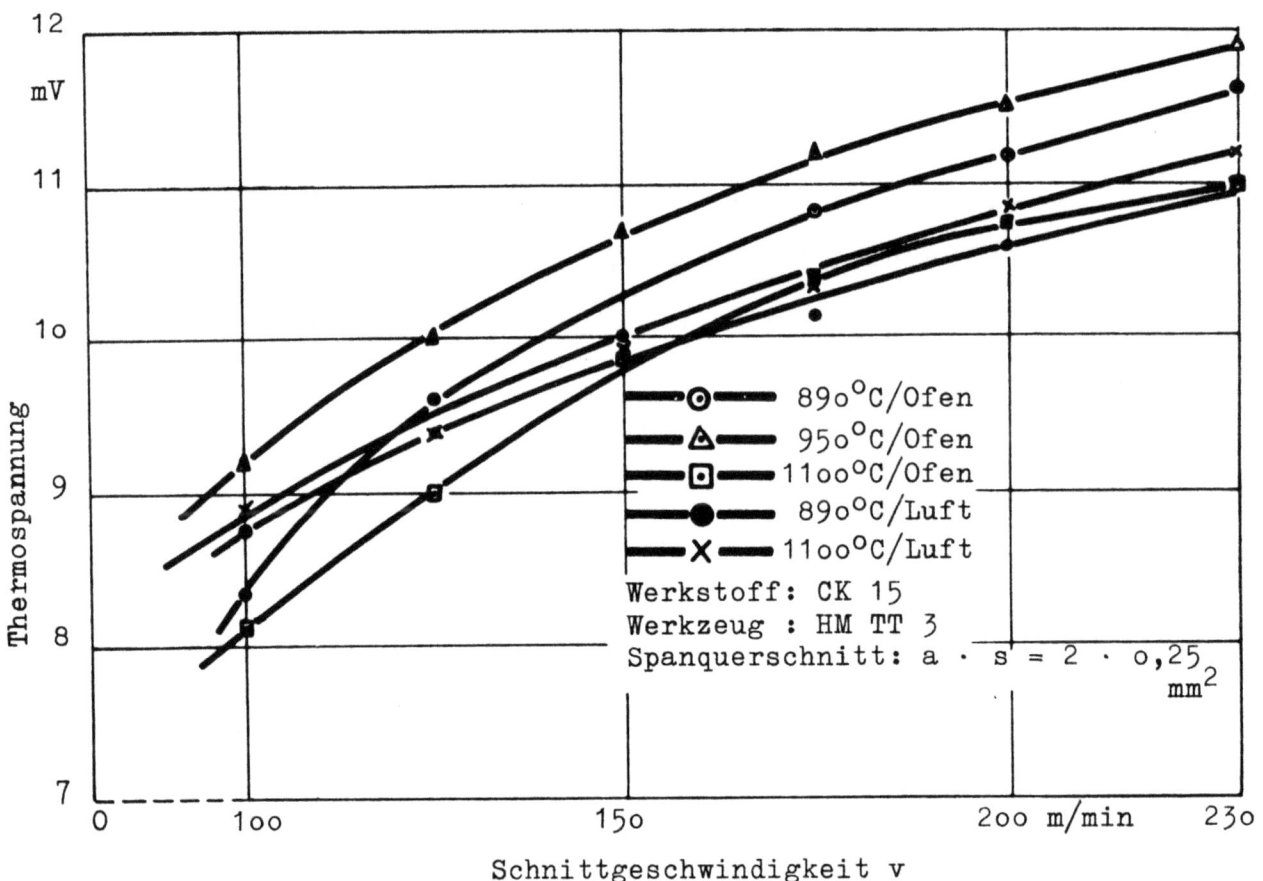

Abbildung 66

Thermospannung in Abhängigkeit von der Schnittgeschwindigkeit

Die im Vergleich zu den hohen Schnittgeschwindigkeiten kleine Wärmebelastung der Schneide führte im gesamten untersuchten Bereich zu Verklebungen des ablaufenden Spanes mit der Spanfläche. An sich wirkt dieser Umstand in Richtung eines verstärkten Verschleißes. Jedoch waren beide Schmelzen des Versuchswerkstoffes gut zerspanbar, wie auch die Kurven für den Freiflächenverschleiß zeigen, sodaß ein stärkerer Einfluß der Verklebungen nicht festgestellt werden konnte. Allerdings wurde die meßtechnische Verfolgung des Verschleißes auf der Spanfläche durch die aufgeschweißten Werkstoffteilchen sehr erschwert, bzw. unmöglich gemacht. Der Verschleiß auf der Spanfläche trat sowohl als Kolkverschleiß wie auch als Spanflächenverschleiß und in Übergangsformen auf. Abbildung 67 zeigt Aufnahmen mit dem Leitz-Forster-Gerät von Verschleißformen bei unterschiedlichen Bedingungen und Gefügezuständen nach verschiedenen Zeiten. Es

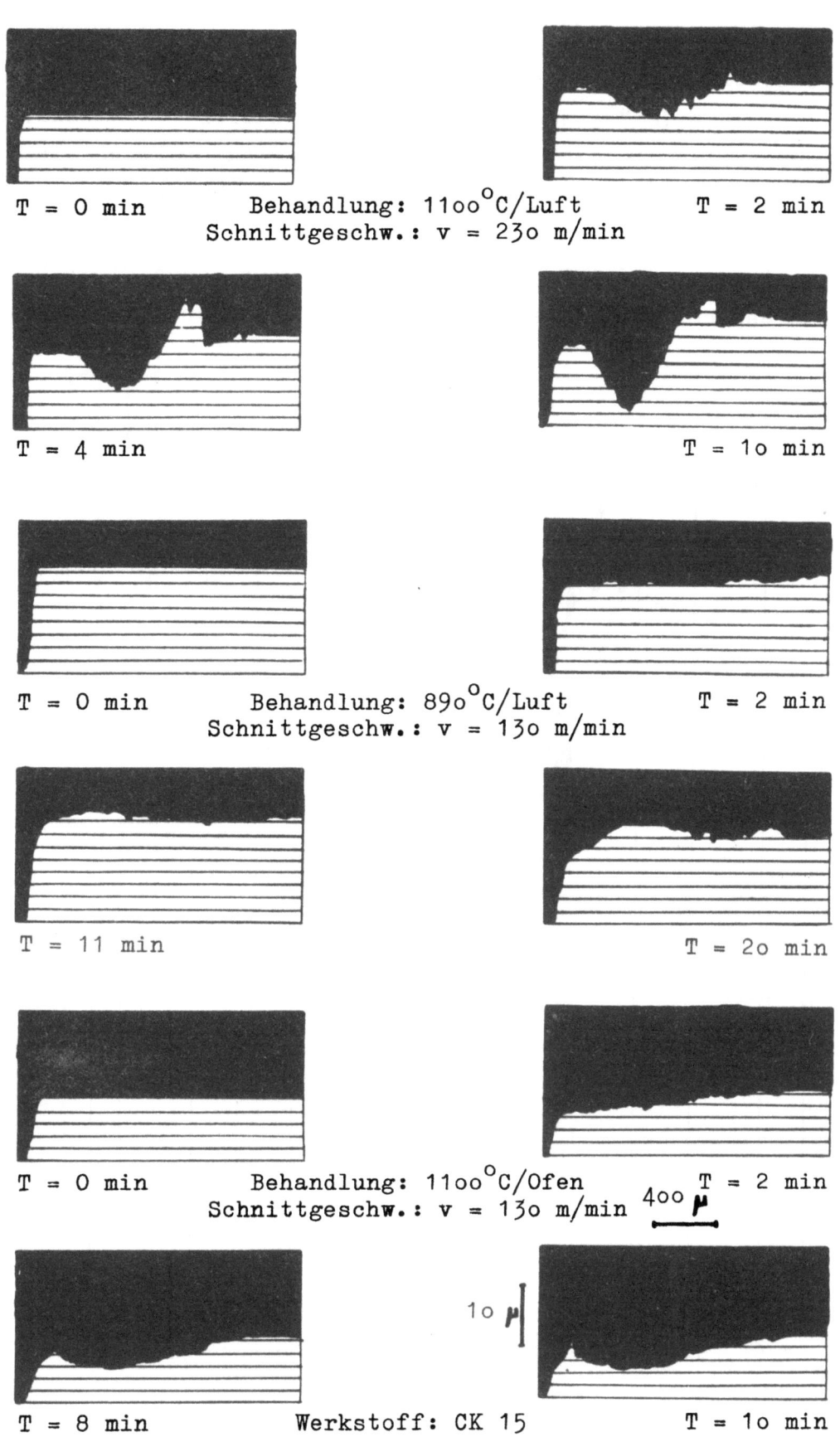

Abbildung 67

Verschleiß auf der Spanfläche bei verschiedenen Wärmebehandlungen und Schnittgeschwindigkeiten

sind dabei deutlich die Verklebungen auf der Kontaktfläche zu erkennen, die eine einwandfreie Messung z.B. von Lage und Tiefe der Auskolkung unmöglich machen. Aus diesem Grunde mußte auf die Aufstellung von Standzeitkurven für den Kolkverschleiß verzichtet werden. Dieses Vorgehen erscheint in diesem Falle auch dadurch gerechtfertigt, daß in dem untersuchten Geschwindigkeitsbereich der Verschleiß auf der Spanfläche klein blieb. Darüberhinaus begrenzt der gewählte Spanquerschnitt von $a \cdot s = 2 \cdot 0,25 \text{ mm}^2$

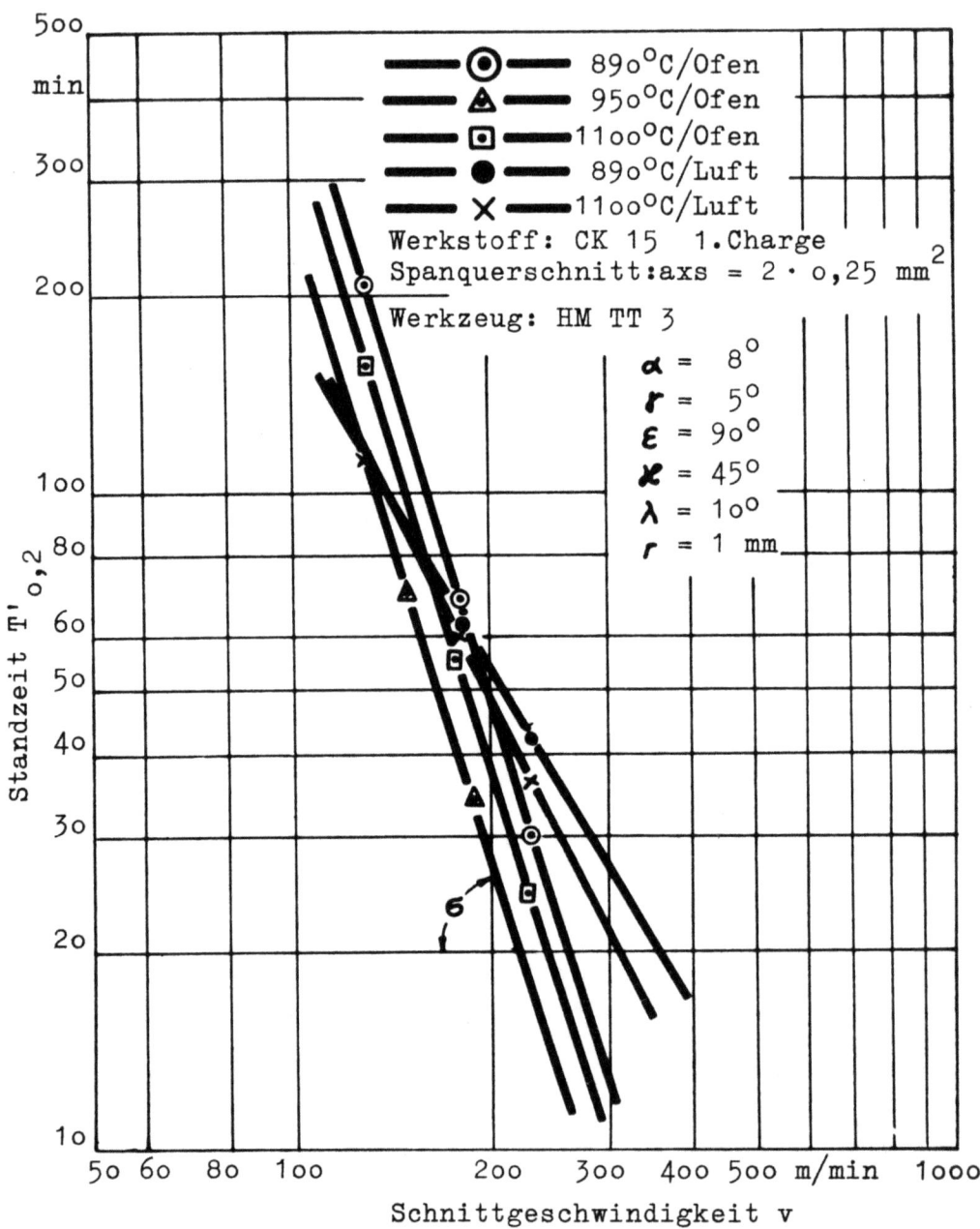

Abbildung 68
Standzeit $T'_{0,2} = f(v)$

den Gültigkeitsbereich der Versuchsergebnisse zunächst auf leichtete Schnitte, bei denen wegen den Anforderungen an die Güte der erzeugten Oberflächen dem Freiflächenverschleiß die größere Bedeutung zukommt.

In den Abbildungen 68 und 69 sind für die beiden untersuchten Schmelzen Ck 15 die Ergebnisse der Standzeitversuche zusammengestellt. Sie zeigen im doppellogarithmischen System die Standzeitkurven für eine Verschleiß-

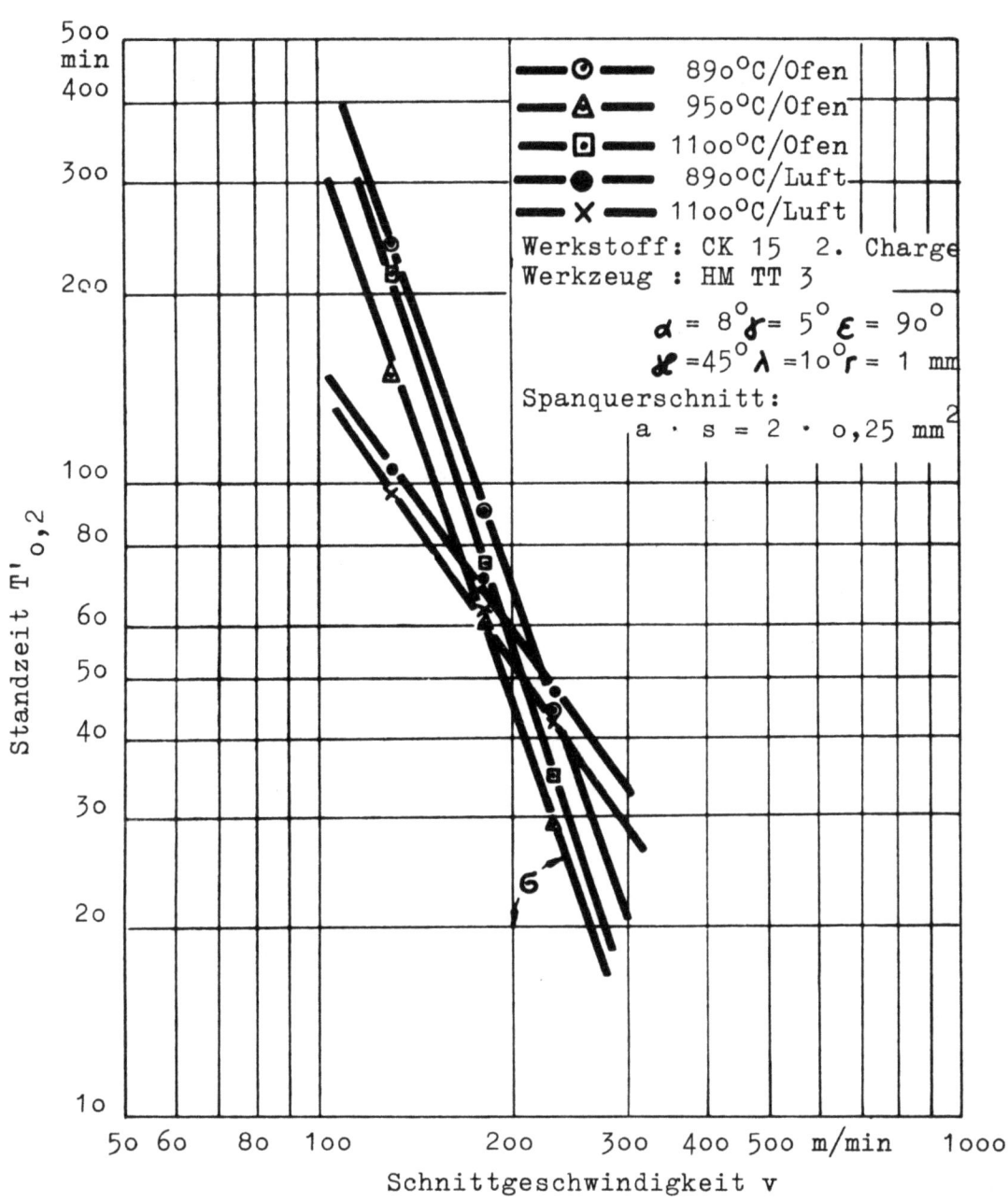

Abbildung 69
Standzeit $T'_{0,2} = f(v)$

markenbreite von VB = 0,2 mm in Abhängigkeit von der Schnittgeschwindigkeit für die verschiedenen Wärmebehandlungszustände. Die beiden Abbildungen lassen erkennen, daß beide Schmelzen nach den gleichen Wärmebehandlungen ein ähnliches Standzeitverhalten zeigen : Zunächst sind zwei Gruppen von Standzeitgeraden zu unterscheiden, nämlich die Geraden für die Behandlungszustände mit Luftabkühlung, gekennzeichnet durch einen flacheren Verlauf, und die Geraden für die Behandlungszustände mit Ofenabkühlung, gekennzeichnet durch einen steileren Verlauf. Im Bereich der Standzeiten zwischen 60 und 70 min, entsprechend einem Schnittgeschwindigkeitsbereich von etwa 150 bis 200 m/min schneiden sich diese zwei Gruppen bei beiden Schmelzen, so daß für Standzeiten von mehr als 60 min, wie sie für die Serien- und Massenfertigung gefordert werden, die Grobkornglühungen mit Ofenabkühlung ein günstigeres Verhalten ergeben als die Normalglühung oder die Grobkornglühung mit Luftabkühlung, während bei niedrigeren Standzeiten als etwa 60 min sich die Verhältnisse umkehren. Auch die Rangfolge der verschiedenen Wärmebehandlungen bezüglich des Standzeitverhaltens ist bei beiden Schmelzen gleich. Da Standzeiten unterhalb 60 min praktisch von geringem Interesse sind, sei hier nur der Bereich oberhalb der Standzeiten von 60 min betrachtet. Dabei zeigt sich, daß eine Grobkornglühung bei 890° C mit Ofenabkühlung das günstigste Standzeitverhalten ergibt, während die Grobkornglühung bei 950° C mit Ofenabkühlung von den Glühungen mit Ofenabkühlung das schlechteste Standzeitverhalten aufweist. Zwischen diesen beiden liegt dann die Glühung bei 1100° C mit Ofenabkühlung. Erheblich schlechter als die drei vorgenannten Behandlungen liegen bei Standzeiten von über 60 min die Wärmebehandlungen mit Luftabkühlung, von denen sich die Normalglühung noch als die günstigere erweist. In der Tabelle 7 sind für beide Schmelzen die v_{60}, d.h. diejenige Schnittgeschwindigkeit, bei der sich eine Standzeit von 60 min ergibt, sowie die Gleichungen der Standzeitkurven für verschiedene Wärmebehandlungszustände gegenübergestellt. Dabei bedeuten in der Gleichung der Verschleißstandzeitkurve

$$v \, T'^m = K$$

v die Schnittgeschwindigkeit in m/min
T' die Standzeit bis zum Erreichen eines bestimmten Verschleißkriteriums
 in Minuten

Forschungsberichte des Wirtschafts- und Verkehrsministeriums Nordrhein-Westfalen

K den Abszissenwert in der doppellogarithmischen Darstellung der Standzeit als Funktion der Schnittgeschwindigkeit. Er entspricht theoretisch derjenigen Schnittgeschwindigkeit, bei der gerade eine Standzeit von 1 min erreicht wird

m den Exponenten aus

$$m = 1 / tg\, \sigma$$

worin σ der Neigungswinkel der Standzeitgeraden im doppellogarithmischen System ist.

Vergleich der Zerspannungskennzahlen

Vergleicht man die Kennzahlen der beiden Schmelzen bei den verschiedenen Wärmebehandlungen, so ergibt sich folgendes :

1. **Die Stundenschnittgeschwindigkeit V 60/02**

   Die Unterschiede in der $v_{60/0,2}$ sind nicht sehr groß, sowohl für jede der untersuchten Schmelzen als auch für die verschiedenen Wärmebehandlungen. Nur bei der ersten Schmelze ist die $v_{60/0,2}$ bei 950° C/Ofen wesentlich niedriger als bei den anderen Zuständen. Der Vergleich der Gefügebilder (Abbildung 56 und 58) hierzu zeigt, daß gerade bei dieser Schmelze und dieser Behandlung vor allem das Randgefüge stark unterschiedliche Korngröße aufweist, die bei der zweiten Schmelze zwar auch, aber nicht in so starkem Maße vorhanden ist. Bis auf die Kerbschlagwerte entsprechen sich auch die Festigkeitseigenschaften bei der Schmelzen für diesen Behandlungszustand. Ganz allgemein ergibt die zweite Schmelze etwa höhere $v_{60/0,2}$ - Werte, obschon größere Unterschiede in den Festigkeitseigenschaften bei vergleichbaren Wärmebehandlungen nicht aufgetreten sind und auch die dabei erzielten Korngrößen sowie die Perlitverteilung einander entsprechen.

2. **Der Neigungswinkel**

   Für vergleichbare Gefügezustände ergeben sich für beide Schmelzen annähernd gleiche Neigungswinkel σ und damit auch vergleichbare Exponenten m. Gegenüber den Standzeitgeraden für den normalgeglühten Zustand und die Hochglühung mit Luftabkühlung verlaufen jedoch die Standzeitgeraden für die grobkörnigen Zustände bei beiden Schmelzen wesentlich steiler, d.h. der Expont m wird mit wachsender Korngröße kleiner. Ein kleinerer Exponent bedeutet aber eine größere Empfindlichkeit der

Standzeit gegenüber Schnittgeschwindigkeitsänderungen und den damit
verbundenen Änderungen der Schnittemperatur, während ein größerer Exponent auf einen kleineren Temperatureinfluß auf die Höhe der Standzeit hinweist. Die Ergebnisse der Standzeitversuche bezüglich der Neigung der Standzeitgeraden stehen damit in Übereinstimmung mit den Ergebnissen der Spanstauchungs- und Thermospannungsmessungen und bestätigen die aus dem Verlauf dieser Kurven gezogenen Schlüsse. Ob die
verschiedenen Neigungen der Standzeitgeraden nur auf die erheblichen
Unterschiede in der Korngröße zurückzuführen sind, kann nicht mit Sicherheit gesagt werden. Ein grobes Korn ergibt zwar einen lockerstreifigen Perlit gegenüber einem feinstreifigen Perlit bei kleinem Korn,
so daß letzteres härter wird, was sich auch in der höheren Brinellhärte und Festigkeit (Tabelle 5 und 6) ausdrückt, und stärker verschleißend wirken kann. Für eine eindeutige Klärung aber sind umfangreichere Untersuchungen als die vorliegenden erforderlich.

3. Der Standzeitwert K

Die Werte der Konstanten sind bestimmend für die Lage der Standzeitgeraden. Sie sind bei der zweiten Schmelze größer als bei der ersten.
Das bedeutet bei vergleichbarer Steigung der Standzeitgeraden, daß
die zweite Schmelze unter den Versuchsbedingungen im ganzen besser
zerspanbar ist. Ob diese Eigenschaft erschmelzungsbedingt oder auf
die im ganzen bei der zweiten Schmelze etwas niedrigere Festigkeit
oder auf die geringen Unterschiede in der Zusammensetzung zurückzuführen ist, kann auf Grund der vorliegenden Ergebnisse allerdings
nicht entschieden werden.

Zur Veranschaulichung der Versuchsergebnisse sind in den Abbildungen
70 und 71, die durch die verschiedenen Wärmebehandlungen erreichten
Gewinne an zulässigen Schnittgeschwindigkeiten für eine Standzeit von
$T'_{0,2} = 60$ bzw. $T'_{0,2} = 120$ min. und an Standzeit für die Schnittgeschwindigkeiten v = 120 bzw. v = 150 m/min in Form von Säulen gegenübergestellt. In diesen Diagrammen sind auf den linken und rechten
äußeren Maßstäben im oberen Teil des Bildes die zulässigen Schnittgeschwindigkeiten für eine Standzeit von 60 bzw. 120 min (v_{60} und v_{120})
und im unteren Teil des Bildes die bei den Schnittgeschwindigkeiten

Tabelle 7
Kennzahlen der Standzeitkurven für Einsatzstahl Ck 15

Wärmebehandlung	Schmelze	$v_{60/0,2}$ (m/min)	δ (°)	m	k	$v \cdot T^m = K$
890°C/Luft	1	188	59,5	0,59	2050	$v \cdot T^{0,59} = 2050$
	2	195	55	0,7	3460	$v \cdot T^{0,7} = 3460$
1100°C/Luft	1	175	63	0,509	1410	$v \cdot T^{0,509} = 1410$
	2	178	55,5	0,688	2900	$v \cdot T^{0,688} = 2900$
890°C/Ofen	1	188	73	0,36	650	$v \cdot T^{0,36} = 650$
	2	206	71	0,344	830	$v \cdot T^{0,344} = 830$
950°C/Ofen	1	158	73	0,36	550	$v \cdot T^{0,36} = 550$
	2	176	72,5	0,315	710	$v \cdot T^{0,315} = 710$
1100°C/Ofen	1	175	73	0,36	600	$v \cdot T^{0,36} = 600$
	2	190	71,5	0,334	680	$v \cdot T^{0,334} = 680$

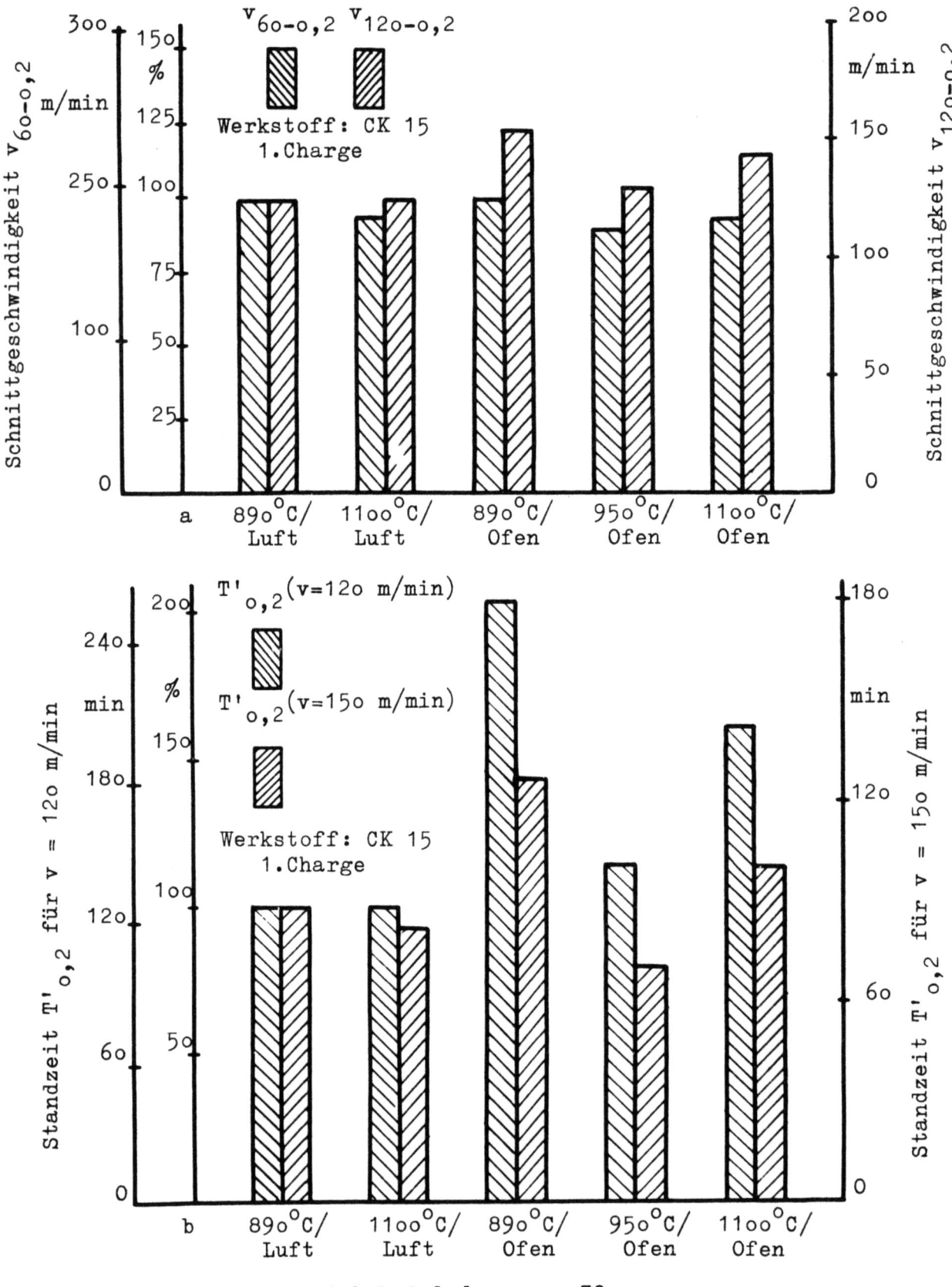

Abbildung 70

a Anwendbare Schnittgeschwindigkeiten für gleiche Standzeiten bei verschiedenen Wärmebehandlungen

b Standzeitverbesserung bei konstanten Schnittgeschwindigkeiten bei verschiedenen Wärmebehandlungen

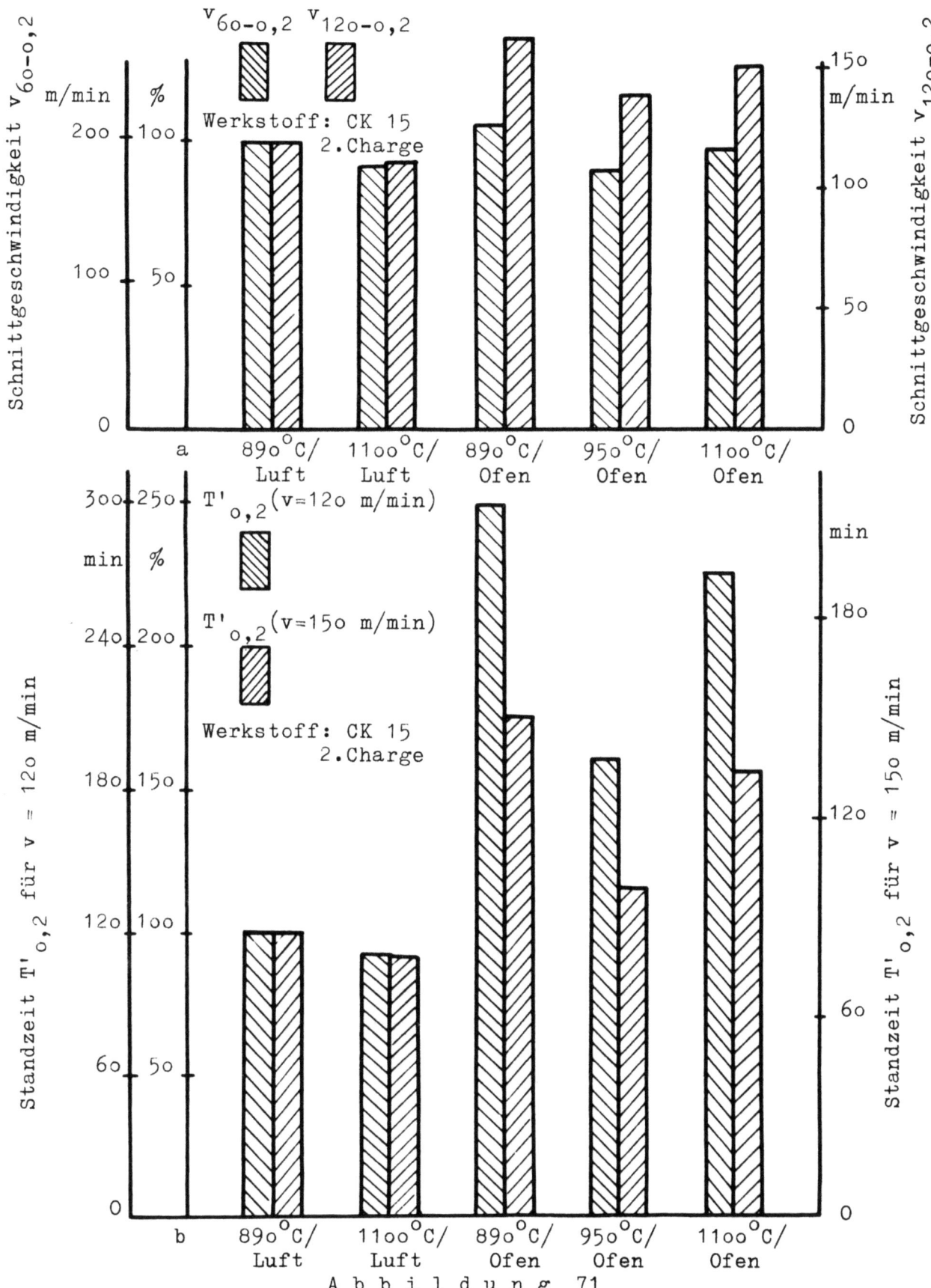

Abbildung 71

a Anwendbare Schnittgeschwindigkeiten für gleiche Standzeiten bei verschiedenen Wärmebehandlungen

b Standzeitverbesserung bei konstanten Schnittgeschwindigkeiten bei verschiedenen Wärmebehandlungen von 120 bzw. 150 m/min erreichbaren Standzeiten ($T'_{v=120}$ bzw. $T'_{v=150}$) aufgetragen.

Der linke innere Maßstab zeigt die prozentuale Änderung der aufgetragenen Größen. Dabei sind die bei Normalglühung (890° C/Luft) erreichten Werte zu 100 % angesetzt, da diese Wärmebehandlung den zur Zeit üblichen Gepflogenheiten der Praxis entspricht. Der Vergleich der beiden Abbildungen zeigt zunächst noch einmal, daß die zweite Schmelze unter den Versuchsbedingungen die bessere Zerspanbarkeit aufweist und auch auf die Wärmebehandlungen besser anspricht, wie die erreichten relativen Verbesserungen zeigen. Offensichtlich wird aber auch, daß die durch die Wärmebehandlungen erzielbaren Verbesserungen nicht so sehr in der Steigerung der zulässigen Schnittgeschwindigkeiten für bestimmte Standzeiten bestehen, als vielmehr in einer Erhöhung der Standzeiten bei konstanten Schnittgeschwindigkeiten und zwar bei beiden Schmelzen für den günstigsten Fall der Grobkornglühung bei 890° C mit Ofenabkühlung auf mehr als 200 % gegenüber der Normalglühung (zu 100 % gesetzt). Von den Behandlungen mit Ofenabkühlung erweist sich bei beiden Schmelzen die Glühung bei 950° als die ungünstigste, was auch schon in den v_{60} - Werten zum Ausdruck kam. Dieses Ergebnis steht in Übereinstimmung mit Erfahrungen der Praxis, wonach sich Gefüge mit ungleichmäßiger Korngröße als schlechter zerspanbar erwiesen haben als solche mit gleichmäßigem Korn.

Aus der Darstellung geht weiter hervor, daß für eine geforderte Standzeit von 60 min eine Normalglühung dem untersuchten Stahl ausreichende Drehbarkeit verleiht. Das bedeutet, daß für solche Fälle der Anlieferungszustand genügt, da dieser meistens dem durch Normalglühen erreichten Gefüge entspricht und die durch verteuernde Wärmebehandlung erzielten Verbesserungen den zusätzlichen Aufwand selten rechtfertigen werden.

Anders liegen die Verhältnisse in der Serien- und Massenfertigung. Hier sind ausreichend lange Standzeiten für den reibungslosen Fluß der Fertigung unbedingt notwendig, und es werden vielfach Standzeiten von mehreren Stunden gefordert. Weiter ist das Einrichten der Maschinen ein sehr wesentlicher Kostenfaktor, so daß längere Standzeiten unter sonst gleichen Bedingungen erhebliche Einsparungen ermöglichen. Diese ergeben sich einmal aus der Senkung der Kosten für das Einrichten selbst, da dieses bei längeren Standzeiten weniger häufig zu erfolgen braucht und zum anderen aus der Senkung der Werkzeugkosten. Für die Massenfertigung bietet die Grobkornglühung daher erhebliche Vorteile, die den erhöhten Aufwand für die Wärmebehandlung in den Hintergrund treten lassen.

Ein weiterer wichtiger Gesichtspunkt ist die erzielte Oberflächengüte. Die Messung der Rauhigkeit in Drehrichtung und in Vorschubrichtung ergab bei beiden Schmelzen nur geringfügige Unterschiede für die verschiedenen Behandlungen. Als Beispiele zeigt Abbildung 72 Aufnahmen mit dem Leitz-Forster-Gerät von den Oberflächen, wie sie sich bei den verschiedenen Schmelzen und Wärmebehandlungen ergaben, und Abbildung 73 gibt die Rauhigkeit in Vorschubrichtung in Abhängigkeit von der Schnittgeschwindigkeit für die verschiedenen Wärmebehandlungen der zweiten Schmelze wieder. Es läßt erkennen, daß die Grobkornglühungen mit Ofenabkühlung im ganzen etwas bessere Oberflächen aufweisen als die Glühungen mit Luftabkühlung. Für die Beurteilung der absoluten Größe der Rauhigkeit ist es dabei erforderlich, sich vor Augen zu halten, daß der Abrundungsradius des Drehmeißels das Profil in Vorschubrichtung in sehr starkem Maße beeinflußt. In Übereinstimmung mit amerikanischen Angaben und auch deutschen Betriebserfahrungen haben die Versuche an beiden Schmelzen gezeigt, daß bei dem untersuchten Stahl eine Grobkornglühung die Oberflächengüte verbessert. Die Ursache hierfür dürfte in der größeren Zähigkeit, die durch die beschleunigte Abkühlung erreicht wird, begründet sein, da die Neigung zu Verklebungen und zur Bildung von Aufbauschneiden mit wachsender Zähigkeit zunimmt.

Wie die Gefügebilder 53 bis 58 erkennen lassen, weisen die Behandlungszustände mit Ofenabkühlung ausgeprägte Zeilenbildung auf. Diese Erscheinung wird allgemein für ungünstig gehalten, insbesondere bei Bearbeitungsvorgängen, bei denen sehr feine Spanquerschnitte abgenommen werden und die Hauptbewegung des Werkzeuges längs der Zeilen erfolgt, z.B. beim Räumen. Die Ergebnisse der vorliegenden Untersuchung zeigen, daß unter den Versuchsbedingungen kein nachteiliger Einfluß des Zeilengefüges festzustellen ist. Da durch beschleunigte Abkühlung

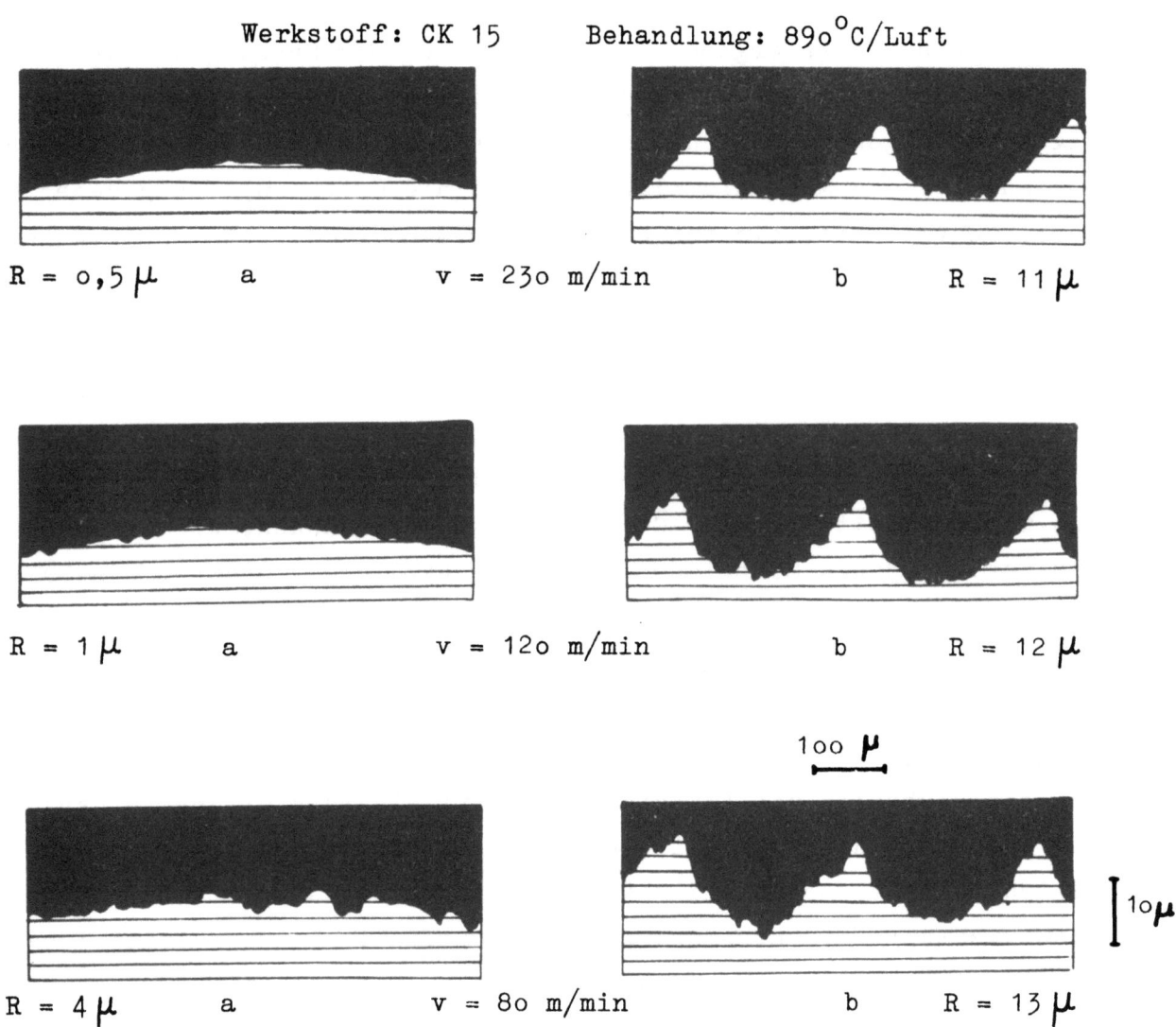

Abbildung 72 a

Oberflächenrauhigkeit : a in Schnittrichtung; b in Vorschubrichtung

die Zeilenbildung hintangehalten werden kann[8], wie auch die bei Luftabkühlung entstandenen Gefüge zeigen, erscheint es zweckmäßig, bei Teilen, die außer durch Drehen noch durch Bohren, Reiben, Räumen u.s.w. bearbeitet werden, die Abkühlungsgeschwindigkeit soweit zu erhöhen, daß Zeilenbildung gerade noch vermieden wird, ohne daß der Vorteil der Grobkornglühung verloren geht, wie es z.B. bei der Hochglühung bei 1100° C mit nachfolgender Luftabkühlung der Fall ist.

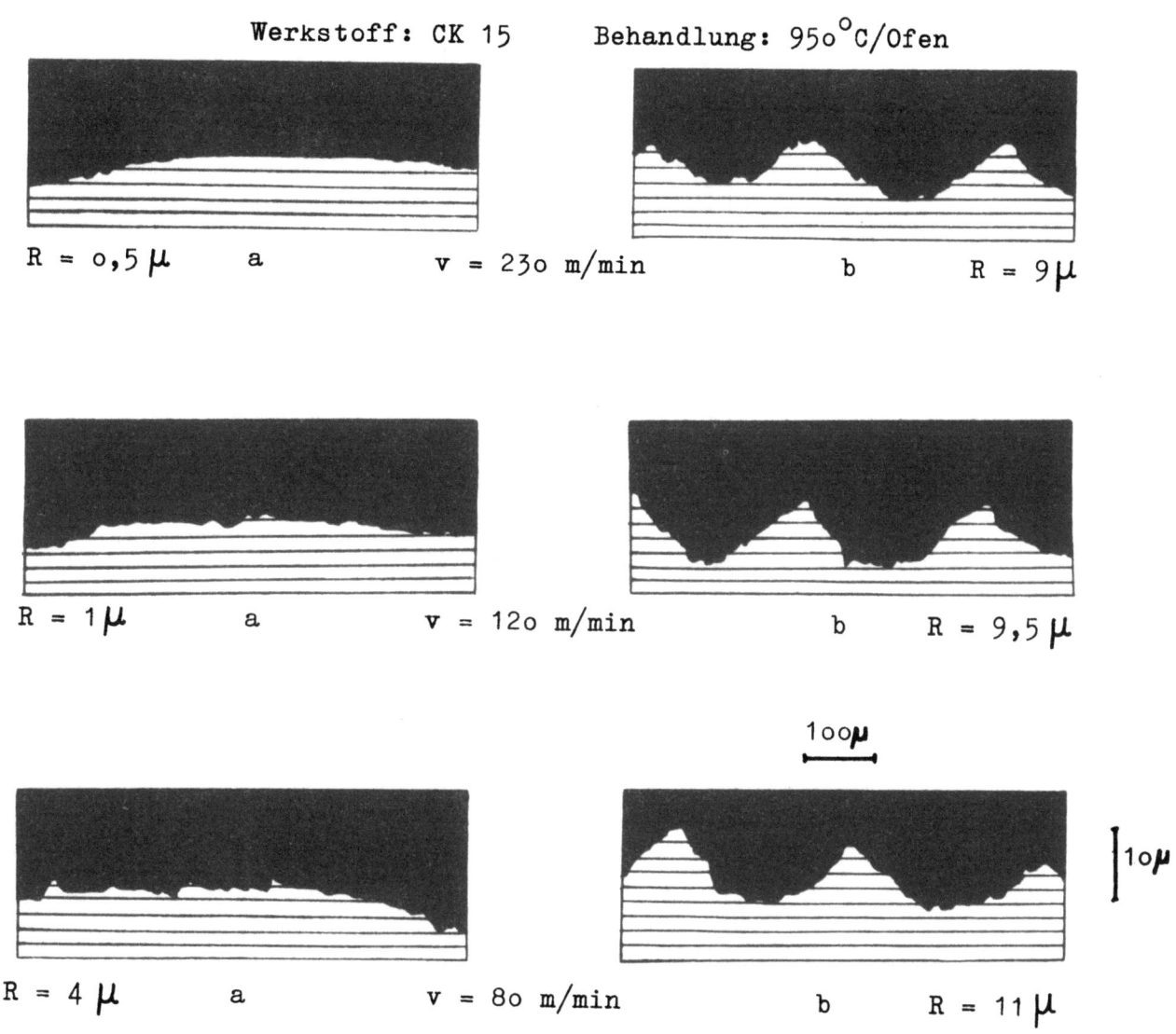

Abbildung 72 b

Oberflächenrauhigkeit : a in Schnittrichtung; b in Vorschubrichtung

VI. Zusammenfassung

Es wurde unlegierter Einsatzstahl Ck 15 zweier verschiedener Schmelzen nach fünf verschiedenen Behandlungen auf grobe und feine Korngröße auf seine Drehbarkeit untersucht. Die wichtigsten Ergebnisse dieser Untersuchung seien nachstehend noch einmal kurz zusammengestellt:

1. Glühungen bei 890 und 1100° C mit langsamer Abkühlungsgeschwindigkeit (Ofenabkühlung) ergaben bei erheblich vergrößertem Korn beträchtliche Verbesserungen des Standzeitverhaltens gegenüber Glühungen bei den gleichen Temperaturen mit beschleunigter Abkühlung (Luftabkühlung) und entsprechend feiner Korngröße.

Forschungsberichte des Wirtschafts- und Verkehrsministeriums Nordrhein-Westfalen

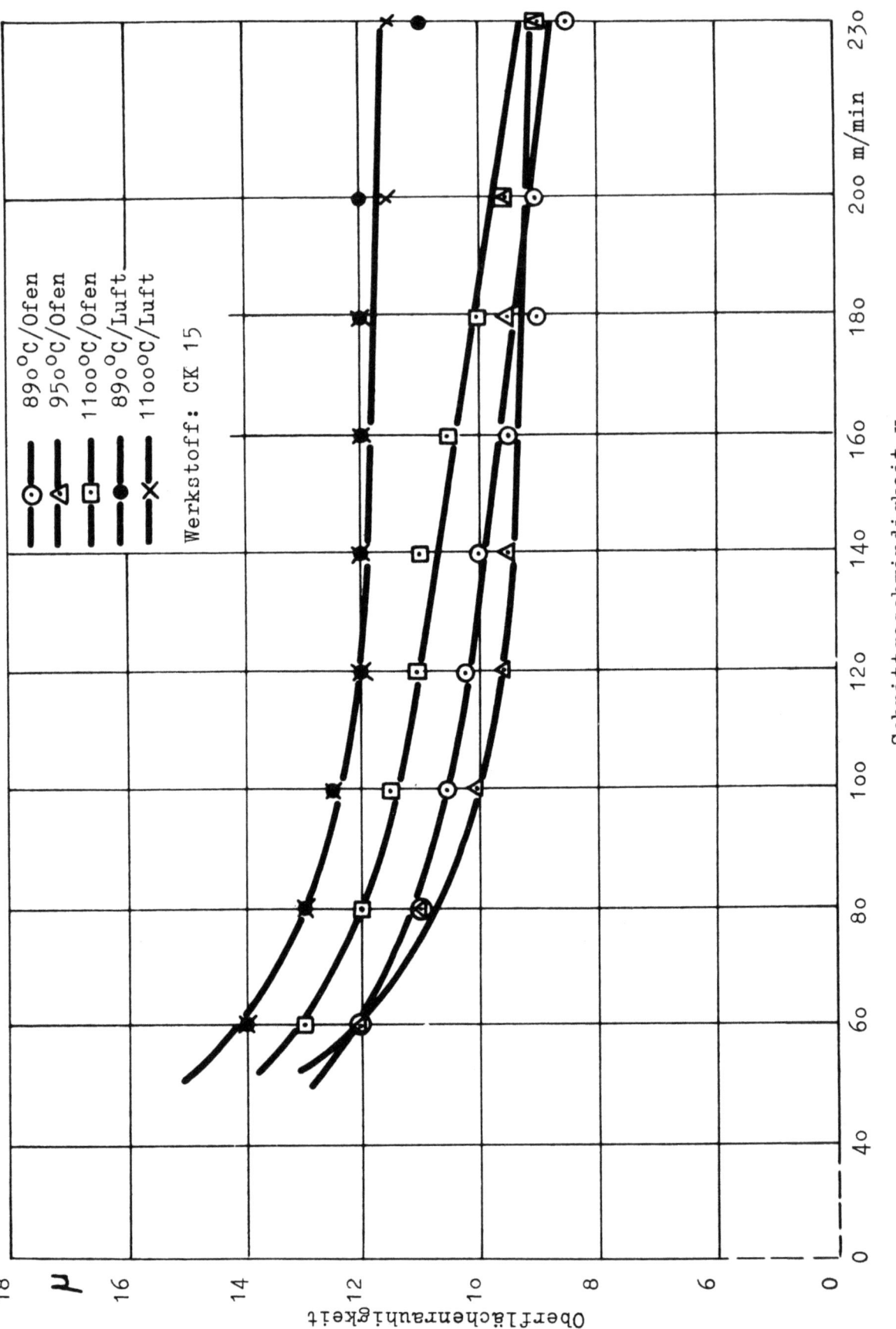

A b b i l d u n g 73

Oberflächenrauhigkeit in Vorschubrichtung in Abhängigkeit von der Schnittgeschwindigkeit

2. Glühungen in einem Temperaturbereich ungleichmäßigen Kornwachstums ergeben ungünstiges Standzeitverhalten.
3. Die Oberflächengüte beim Drehen kann durch Grobkornglühung verbessert werden.
4. Beim Drehen mit mittlerem Spanquerschnitt ist ein nachteiliger Einfluß des Zeilengefüges nicht festzustellen.
5. Die Schnittkräfte werden durch unterschiedliche Korngröße nicht nennenswert beeinflußt.

Die Versuchsergebnisse stehen in Übereinstimmung mit der aus der einschlägigen Literatur und Betriebserfahrungen gewonnenen Anschauung über den Einfluß der Korngröße auf die Zerspanbarkeit[8]. Sie bedeuten für die Praxis, daß je nach den vorliegenden Gegebenheiten sich auch bei unlegiertem Einsatzstahl durch entsprechende Wärmebehandlung beträchtliche Verbesserungen der Zerspanbarkeit erzielen lassen.

Zu prüfen, ob auch bei legierten Einsatzstählen und schließlich auch bei Vergütungsstählen eine erhöhte Korngröße zur Verbesserung der Zerspanbarkeit beiträgt, muß der Gegenstand weiterer Untersuchungen sein. Insbesondere erscheint es zweckmäßig, über das Drehen hinaus auch noch andere Bearbeitungsverfahren, vor allem solche mit gehemmten Spanablauf, in diese Untersuchungen mit einzubeziehen.

Prof. Dr.-Ing. H. OPITZ, Aachen
Dipl.-Ing. K.H. FRÖHLICH, Aachen
Dipl.-Ing. W. SCHOLZ, Aachen

D. Literaturverzeichnis

1. KRONENBERG — Analysis of Initial Contact of Milling Cutter and Work in Relation to Tool-Life. Transactions of the ASME, April 1946

2. KRONENBERG — Tool Geometry of Face Milling Cutters. Machinery, London, 4.12.1947, p. 628

3. KRONENBERG — Tool Angles Govern Cutting Efficiency. Am. Machinist, 15.1.1948, p. 90

4. OPITZ u. KOB — Auswirkungen des Hartmetalleinsatzes beim Fräsen und Hobeln

5. OPITZ u. KOB — Richtwerte, Schnittkräfte und Schnittemperaturen beim Fräsen mit Hartmetallwerkzeugen. Werkstatt und Betrieb, 85 Jahrg., 1952, Nr. 3

6. OPITZ u. WEBER — Einfluß der Wärmebehandlung der Werkstoffe auf die Verschleißformen der Hartmetallschneiden Zerspanung und Werkzeugmaschine, Sonderheft der Technischen Mitteilungen, 5. Aachener Werkzeugmaschinen-Kolloquium, 1952, Vulkan Verlag, Essen 1952

7. OPITZ u. WEBER — Einfluß von Werkstoff- und Zerspanungsbedingungen auf Span- und Freiflächenverschleiß. Aufwand, Leistung und Wirtschaftlichkeit neuzeitlicher Werkzeugmaschinen, Beiträge und Diskussionen zum 6. Aachener Werkzeugmaschinen-Kolloquim, 1953, Verlag W. Girardet, Essen, 1953, S. 14

8. WIESTER u. FRÖHLICH — Einfluß des Gefüges auf die Zerspanbarkeit. Zerspanung und Werkzeugmaschine, Sonderheft der Technischen Mitteilungen, 5. Aachener Werkzeugmaschinen-Kolloquim, 1952, Vulkan Verlag, Essen 1952

9.	vgl. Literaturverzeichnis der unter 8 angeführten Veröffentlichung, hier: N.E. WOLDMANN: Iron Age 147 (1941), Nr. 25, S. 37/40, Nr. 26, S. 44/49 N.E. WOLDMANN: Materials and Methods (1947), S. 80/86 L.W. Johnson: Iron and Coal Trades Rev. (1948) S. 953/55 R. LE GRAND: Amer. Machinist 94 (1950) 108/24 P. PAYSON: Iron Age 152 (1943) Nr. 1 S. 48/54, Nr. 1, S. 74/77, Nr. 3, S. 70/77, Nr. 4, S.60/67
10.	Curtis-Wright Corporation for USA Airforce: Increased production reduced cost by better understanding of the machining process and control of materials, tools, machines. New Jersey 1950
11. GOTTWEIN	Die Messung der Schneidentemperatur beim Abdrehen von Flußeisen. Maschinenbau 1925, S. 1129 - 1135
12. AXER	Temperaturfeld und elektro-chemischer Verschleiß am Drehmeissel. Aufwand, Leistung und Wirtschaftlichkeit neuzeitlicher Werkzeugmaschinen, Beiträge und Diskussionen zum 6. Aachener Werkzeugmaschinen-Kolloquium, 1953, Verlag W. Girardet, Essen, 1953, S. 23

FORSCHUNGSBERICHTE
DES WIRTSCHAFTS- UND VERKEHRSMINISTERIUMS
NORDRHEIN-WESTFALEN

Herausgegeben von Staatssekretär Prof. Leo Brandt

Heft 1:
Prof. Dr.-Ing. Eugen Flegler, Aachen
Untersuchungen oxydischer Ferromagnet-Werkstoffe

Heft 2:
Prof. Dr. phil. Walter Fuchs, Aachen
Untersuchungen über absatzfreie Teeröle

Heft 3:
Techn.-Wissenschaftl. Büro für die Bastfaserindustrie, Bielefeld
Untersuchungsarbeiten zur Verbesserung des Leinenwebstuhls

Heft 4:
Prof. Dr. E. A. Müller u. Dipl.-Ing. H. Spitzer, Dortmund
Untersuchungen über die Hitzebelastung in Hüttenbetrieben

Heft 5:
Dipl.-Ing. Werner Fister, Aachen
Prüfstand der Turbinenuntersuchungen

Heft 6:
Prof. Dr. phil. Walter Fuchs, Aachen
Untersuchungen über die Zusammensetzung und Verwendbarkeit von Schwelteerfraktionen

Heft 7:
Prof. Dr. phil. Walter Fuchs, Aachen
Untersuchungen über emsländisches Petrolatum

Heft 8:
Maria Elisabeth Meffert und Heinz Stratmann, Essen
Algen-Großkulturen im Sommer 1951

Heft 9:
Techn.-Wissenschaftl. Büro für die Bastfaserindustrie, Bielefeld
Untersuchungen über die zweckmäßige Wicklungsart von Leinengarnkreuzspulen unter Berücksichtigung der Anwendung hoher Geschwindigkeiten des Garnes
Vorversuche für Zetteln und Schären von Leinengarnen auf Hochleistungsmaschinen

Heft 10:
Prof. Dr. Wilhelm Vogel, Köln
„Das Streifenpaar" als neues System zur mechanischen Vergrößerung kleiner Verschiebungen und seine technischen Anwendungsmöglichkeiten

Heft 11:
Laboratorium für Werkzeugmaschinen und Betriebslehre, Technische Hochschule Aachen
1. Untersuchungen über Metallbearbeitung im Fräsvorgang mit Hartmetallwerkzeugen und negativem Spanwinkel
2. Weiterentwicklung des Schleifverfahrens für die Herstellung von Präzisionswerkstücken unter Vermeidung hoher Temperaturen
3. Untersuchung von Oberflächenveredlungsverfahren zur Steigerung der Belastbarkeit hochbeanspruchter Bauteile

Heft 12:
Elektrowärme-Institut, Langenberg (Rhld.)
Induktive Erwärmung mit Netzfrequenz

Heft 13:
Techn.-Wissenschaftl. Büro für die Bastfaserindustrie, Bielefeld
Das Naßspinnen von Bastfasergarnen mit chemischen Zusätzen zum Spinnbad

Heft 14:
Forschungsstelle für Acetylen, Dortmund
Untersuchungen über Aceton als Lösungsmittel für Acetylen

Heft 15:
Wäschereiforschung Krefeld
Trocknen von Wäschestoffen

Heft 16:
Max-Planck-Institut für Kohlenforschung, Mülheim a. d. Ruhr
Arbeiten des MPI für Kohlenforschung

Heft 17:
Ingenieurbüro Herbert Stein, M. Gladbach
Untersuchung der Verzugsvorgänge in den Streckwerken verschiedener Spinnereimaschinen. 1. Bericht: Vergleichende Prüfung mit verschiedenen Dickenmeßgeräten

Heft 18:
Wäschereiforschung Krefeld
Grundlagen zur Erfassung der chemischen Schädigung beim Waschen

Heft 19:
Techn.-Wissenschaftl. Büro für die Bastfaserindustrie, Bielefeld
Die Auswirkung des Schlichtens von Leinengarnketten auf den Verarbeitungswirkungsgrad, sowie die Festigkeits- und Dehnungsverhältnisse der Garne und Gewebe

Heft 20:
Techn.-Wissenschaftl. Büro für die Bastfaserindustrie, Bielefeld
Trocknung von Leinengarnen I
Vorgang und Einwirkung auf die Garnqualität

Heft 21:
Techn.-Wissenschaftl. Büro für die Bastfaserindustrie, Bielefeld
Trocknung von Leinengarnen II
Spulenanordnung und Luftführung beim Trocknen von Kreuzspulen

Heft 22:
Techn.-Wissenschaftl. Büro für die Bastfaserindustrie, Bielefeld
Die Reparaturanfälligkeit von Webstühlen

Heft 23:
Institut für Starkstromtechnik, Aachen
Rechnerische und experimentelle Untersuchungen zur Kenntnis der Metadyne als Umformer von konstanter Spannung auf konstanten Strom

Heft 24:
Institut für Starkstromtechnik, Aachen
Vergleich verschiedener Generator-Metadyne-Schaltungen in bezug auf statisches Verhalten

Heft 25:
Gesellschaft für Kohlentechnik mbH., Dortmund-Eving
Struktur der Steinkohlen und Steinkohlen-Kokse

Heft 26:
Techn.-Wissenschaftl. Büro für die Bastfaserindustrie, Bielefeld
Vergleichende Untersuchungen zweier neuzeitlicher Ungleichmäßigkeitsprüfer für Bänder und Garne hinsichtlich Ihrer Eignung für die Bastfaserspinnerei

Heft 27:
Prof. Dr. E. Schratz, Münster
Untersuchungen zur Rentabilität des Arzneipflanzenanbaues
Römische Kamille, Anthemis nobilis L.

Heft: 28:
Prof. Dr. E. Schratz, Münster
Calendula officinalis L.
Studien zur Ernährung, Blütenfüllung und Rentabilität der Drogengewinnung

Heft 29:
Techn.-Wissenschaftl. Büro für die Bastfaserindustrie, Bielefeld
Die Ausnützung der Leinengarne in Geweben

Heft 30:
Gesellschaft für Kohlentechnik mbH., Dortmund-Eving
Kombinierte Entaschung und Verschwelung von Steinkohle; Aufarbeitung von Steinkohlenschlämmen zu verkokbarer oder verschwelbarer Kohle

Heft 31:
Dipl.-Ing. Störmann, Essen
Messung des Leistungsbedarfs von Doppelsteg-Kettenförderern

Heft 32:
Techn.-Wissenschaftl. Büro für die Bastfaserindustrie, Bielefeld
Der Einfluß der Natriumchloridbleiche auf Qualität und Verwebbarkeit von Leinengarnen und die Eigenschaften der Leinengewebe unter besonderer Berücksichtigung des Einsatzes von Schützen- und Spulenwechselautomaten in der Leinenweberei

Heft 33:
Kohlenstoffbiologische Forschungsstation e. V.
Eine Methode zur Bestimmung von Schwefeldioxyd und Schwefelwasserstoff in Rauchgasen und in der Atmosphäre

Heft 34:
Textilforschungsanstalt Krefeld
Quellungs- und Entquellungsvorgänge bei Faserstoffen

Heft 35:
Professor Dr. Wilhelm Kast, Krefeld
Feinstrukturuntersuchungen an künstlichen Zellulosefasern verschiedener Herstellungsverfahren

Heft 36:
Forschungsinstitut der feuerfesten Industrie, Bonn
Untersuchungen über die Trocknung von Rohton. Untersuchungen über die chemische Reinigung von Silika- und Schamotte-Rohstoffen mit chlorhaltigen Gasen

Heft 37:
Forschungsinstitut der feuerfesten Industrie, Bonn
Untersuchungen über den Einfluß der Probenvorbereitung auf die Kaltdruckfestigkeit feuerfester Steine

Heft 38:
Forschungsstelle für Acetylen, Dortmund
Untersuchungen über die Trocknung von Acetylen zur Herstellung von Dissousgas

Heft 39:
Forschungsgesellschaft Blechverarbeitung e. V., Düsseldorf
Untersuchungen an prägegemusterten und vorgelochten Blechen

Heft 40:
Landesgeologe Dr.-Ing. W. Wolff, Amt für Bodenforschung, Krefeld
Untersuchungen über die Anwendbarkeit geophysikalischer Verfahren zur Untersuchung von Spateisengängen im Siegerland

Heft 41:
Techn.-Wissenschaftl. Büro für die Bastfaserindustrie, Bielefeld
Untersuchungsarbeiten zur Verbesserung des Leinenwebstuhles II

Heft 42:
Professor Dr. Burckhardt Helferich, Bonn
Untersuchungen über Wirkstoffe — Fermente — in der Kartoffel und die Möglichkeit ihrer Verwendung

Heft 43:
Forschungsgesellschaft Blechverarbeitung e. V., Düsseldorf
Forschungsergebnisse über das Beizen von Blechen

Heft 44:
Arbeitsgemeinschaft für praktische Dehnungsmessung, Düsseldorf
Eigenschaften und Anwendungen von Dehnungsmeßstreifen

Heft 45:
Losenhausenwerk Düsseldorfer Maschinenbau AG., Düsseldorf
Untersuchungen von störenden Einflüssen auf die Lastgrenzenanzeige von Dauerschwingprüfmaschinen

Heft 46:
Professor Dr. phil. W. Fuchs, Aachen
Untersuchungen über die Aufbereitung von Wasser für die Dampferzeugung in Benson-Kesseln

Heft 47:
Prof. Dr.-Ing. habil. Karl Krekeler, Aachen
Versuche über die Anwendung der induktiven Erwärmung zum Sintern von hochschmelzenden Metallen sowie zur Anlegierung und Vergütung von aufgespritzten Metallschichten mit dem Grundwerkstoff.

Heft 48:
Max-Planck-Institut für Eisenforschung, Düsseldorf
Spektrochemische Analyse der Gefügebestandteile in Stählen nach ihrer Isolierung

Heft 49:
Max-Planck-Institut für Eisenforschung, Düsseldorf
Untersuchungen über Ablauf der Desoxydation und die Bildung von Einschlüssen in Stählen

Heft 50:
Max-Planck-Institut für Eisenforschung, Düsseldorf
Flammenspektralanalytische Untersuchung der Ferritzusammensetzung in Stählen

Heft 51:
Verein zur Förderung von Forschungs- und Entwicklungsarbeiten in der Werkzeugindustrie e. V., Remscheid
Untersuchungen an Kreissägeblättern für Holz, Fehler- und Spannungsprüfverfahren

Heft 52:
Forschungsstelle für Azetylen, Dortmund
Untersuchungen über den Umsatz bei der explosiblen Zersetzung von Azetylen
a) Zersetzung von gasförmigem Azetylen,
b) Zersetzung von an Silikagel adsorbiertem Azetylen

Heft 53:
Professor Dr.-Ing. H. Opitz, Aachen
Reibwert- und Verschleißmessungen an Kunststoffgleitführungen für Werkzeugmaschinen

Heft 54:
Professor Dr.-Ing. habil. F. A. F. Schmidt, Aachen
Schaffung von Grundlagen für die Erhöhung der spez. Leistung und Herabsetzung des spez. Brennstoffverbrauches bei Ottomotoren mit Teilbericht über Arbeiten an einem neuen Einspritzverfahren

Heft 55:
Forschungsgesellschaft Blechverarbeitung, Düsseldorf
Chemisches Glänzen von Messing und Neusilber

Heft 56:
Forschungsgesellschaft Blechverarbeitung, Düsseldorf
Untersuchungen über einige Probleme der Behandlung von Blechoberflächen

Heft 57:
Prof. Dr.-Ing. habil. F. A. F. Schmidt, Aachen
Untersuchungen zur Erforschung des Einflusses des chemischen Aufbaues des Kraftstoffes auf sein Verhalten im Motor und in Brennkammern von Gasturbinen.

Heft 58:
Gesellschaft für Kohlentechnik m. b. H., Dortmund
Herstellung und Untersuchung von Steinkohlenschwelteer.

Heft 59:
Forschungsinstitut der Feuerfest-Industrie, Bonn
Ein Schnellanalysenverfahren zur Bestimmung von Aluminiumoxyd, Eisenoxyd und Titanoxyd in feuerfestem Material mittels organischer Farbreagenzien auf photometrischem Wege
Untersuchungen des Alkali-Gehaltes feuerfester Stoffe mit dem Flammenphotometer nach Riehm-Lange

Heft 60:
Forschungsgesellschaft Blechverarbeitung e. V., Düsseldorf
Untersuchungen über das Spritzlackieren im elektrostatischen Hochspannungsfeld

Heft 61:
Verein zur Förderung von Forschungs- und Entwicklungsarbeiten in der Werkzeugindustrie e. V., Remscheid
Schwingungs- und Arbeitsverhalten von Kreissägeblättern für Holz

Heft 62:
Professor Dr. W. Franz, Institut für theoretische Physik der Universität Münster
Berechnung des elektrischen Durchschlags durch feste und flüssige Isolatoren

Heft 63:
Textilforschungsanstalt Krefeld
Neue Methoden zur Untersuchung der Wirkungsweise von Textilhilfsmitteln
Untersuchungen über Schlichtungs- und Entschlichtungsvorgänge

Heft 64:
Textilforschungsanstalt Krefeld
Die Kettenlängenverteilung von hochpolymeren Faserstoffen
Über die fraktionierte Fällung von Polyamiden

Heft 65:
Fachverband Schneidwarenindustrie, Solingen
Untersuchungen über das elektrolytische Polieren von Tafelmesserklingen aus rostfreiem Stahl

Heft 66:
Dr.-Ing. Peter Füsgen VDI †, Düsseldorf
Untersuchungen über das Auftreten des Ratterns bei selbsthemmenden Schneckengetrieben und seine Verhütung

Heft 67:
Heinrich Wösthoff o. H. G., Apparatebau, Bochum
Entwicklung einer chemisch-physikalischen Apparatur zur Bestimmung kleinster Kohlenoxyd-Konzentrationen

Heft 68:
Kohlenstoffbiologische Forschungsstation e. V., Essen
Algengroßkulturen im Sommer 1952
II. Über die unsterile Großkultur von Scenedesmus obliquus

Heft 69:
Wäschereiforschung Krefeld
Bestimmung des Faserabbaues bei Leinen unter besonderer Berücksichtigung der Leinengarnbleiche

Heft 70:
Wäschereiforschung Krefeld
Trocknen von Wäschestoffen

Heft 71:
Prof. Dr.-Ing. K. Leist, Aachen
Kleingasturbinen, insbesondere zum Fahrzeugantrieb

Heft 72:
Prof. Dr.-Ing. K. Leist, Aachen
Beitrag zur Untersuchung von stehenden geraden Turbinengittern mit Hilfe von Druckverteilungsmessungen

Heft 73:
Prof. Dr.-Ing. K. Leist, Aachen
Spannungsoptische Untersuchungen von Turbinenschaufelfüßen

Heft 74:
Max-Planck-Institut für Eisenforschung, Düsseldorf
Versuche zur Klärung des Umwandlungsverhaltens eines sonderkarbidbildenden Chromstahls

Heft 75:
Max-Planck-Institut für Eisenforschung, Düsseldorf
Zeit-Temperatur-Umwandlungs-Schaubilder als Grundlage der Wärmebehandlung der Stähle

Heft 76:
Max-Planck-Institut für Arbeitsphysiologie, Dortmund
Arbeitstechnische und arbeitsphysiologische Rationalisierung von Mauersteinen

Heft 77:
Meteor Apparatebau Paul Schmeck G. m. b. H., Siegen
Entwicklung von Leuchtstoffröhren hoher Leistung

Heft 78:
Forschungsstelle für Acetylen, Dortmund
Über die Zustandsgleichung des gasförmigen Acetylens und das Gleichgewicht Acetylen—Aceton

Heft 79:
Techn.-Wissenschaftl. Büro für die Bastfaserindustrie, Bielefeld
Trocknung von Leinengarnen III
Spinnspulen- und Spinnkopstrocknung
Vorgang und Einwirkung auf die Garnqualität

Heft 80:
Techn.-Wissenschaftl. Büro für die Bastfaserindustrie, Bielefeld
Die Verarbeitung von Leinengarn auf Webstühlen mit und ohne Oberbau

Heft 81:
Prüf- und Forschungsinstitut für Ziegeleierzeugnisse, Essen-Kray
Die Einführung des großformatigen Einheits-Gitterziegels im Lande Nordrhein-Westfalen

Heft 82:
Vereinigte Aluminium-Werke AG., Bonn
Forschungsarbeiten auf dem Gebiet der Veredelung von Aluminium-Oberflächen

Heft 83:
Prof. Dr. S. Strugger, Münster
Über die Struktur der Proplastiden

Heft 84:
Dr. med. habil., Dr. phil. H. Baron, Düsseldorf
Über Standardisierung von Wundtextilien

Heft 85:
Textilforschungsanstalt Krefeld
Physikalische Untersuchungen an Fasern, Fäden, Garnen und Geweben:
Untersuchungen am Knickscheuergerät nach Weltzien

Heft 86:
Professor Dr.-Ing. H. Opitz, Aachen
Untersuchungen über das Fräsen von Baustahl sowie über den Einfluß des Gefüges auf die Zerspanbarkeit

Heft 87:
Gemeinschaftsausschuß Verzinken, Düsseldorf
Untersuchungen über Güte von Verzinkungen

Heft 88:
Gesellschaft für Kohlentechnik mbH., Dortmund-Eving
Oxydation von Steinkohle mit Salpetersäure

Heft 89:
Verein Deutscher Ingenieure, Gleitlagerforschung, Düsseldorf und Prof. Dr.-Ing. G. Vogelpohl, Göttingen
Versuche mit Preßstoff-Lagern für Walzwerke

Heft 90:
Forschungs-Institut der Feuerfest-Industrie, Bonn
Das Verhalten von Silikasteinen im Siemens-Martin-Ofengewölbe

Heft 91:
Forschungs-Institut der Feuerfest-Industrie, Bonn
Untersuchungen des Zusammenhangs zwischen Leistung und Kohlenverbrauch von Kammeröfen zum Brennen von feuerfesten Materialien

Heft 92:
Techn.-Wissenschaftl. Büro für die Bastfaserindustrie, Bielefeld und Laboratorium für textile Meßtechnik, M.-Gladbach
Messungen von Vorgängen am Webstuhl

Heft 93:
Prof. Dr. W. Kast, Krefeld
Spinnversuche zur Strukturerfassung künstlicher Zellulosefasern

Heft 94:
Prof. Dr. phil. habil. G. Winter, Bonn
Die Heilpflanzen des MATTHIOLUS (1611) gegen Infektionen der Harnwege und Verunreinigung der Wunden bzw. zur Förderung der Wundheilung im Lichte der Antibiotikaforschung

Heft 95:
Prof. Dr. phil. habil. G. Winter, Bonn
Untersuchungen über die flüchtigen Antibiotika aus der Kapuziner- (Tropaeolum maius) und Gartenkresse (Lepidium sativum) und ihr Verhalten im menschlichen Körper bei Aufnahme von Kapuziner- bzw. Gartenkressensalat per os

Heft 96:
Dr.-Ing. P. Koch, Dortmund
Austritt von Exoelektronen aus Metalloberflächen unter Berücksichtigung der Verwendung des Effektes für die Materialprüfung

Heft 97:
Ing. H. Stein, M.-Gladbach
Laboratorium für textile Meßtechnik
Untersuchung der Verzugsvorgänge an den Streckwerken verschiedener Spinnereimaschinen
2. Bericht: Ermittlung der Haft-Gleiteigenschaften von Faserbändern und Vorgarnen

Heft 98:
Fachverband Gesenkschmieden, Hagen
Die Arbeitsgenauigkeit beim Gesenkschmieden unter Hämmern

Heft 99:
Prof. Dr.-Ing. G. Garbotz, Aachen
Der Kraft- und Arbeitsaufwand sowie die Leistungen beim Biegen von Bewehrungsstählen in Abhängigkeit von den Abmessungen, den Formen und der Güte der Stähle (Ermittlung von Leistungsrichtlinien)

Heft 100:
Prof. Dr.-Ing. H. Opitz, Aachen
Untersuchungen von elektrischen Antrieben, Steuerungen und Regelungen an Werkzeugmaschinen

VERÖFFENTLICHUNGEN DER ARBEITSGEMEINSCHAFT FÜR FORSCHUNG DES LANDES NORDRHEIN-WESTFALEN

Im Auftrage des Ministerpräsidenten Karl Arnold

Herausgegeben von Staatssekretär Prof. Leo Brandt

Heft 1:
Prof. Dr.-Ing. Friedrich Seewald, Technische Hochschule Aachen
Neue Entwicklungen auf dem Gebiete der Antriebsmaschinen
Prof. Dr.-Ing. Friedrich A. F. Schmidt, Technische Hochschule Aachen
Technischer Stand und Zukunftsaussichten der Verbrennungsmaschinen, insbesondere der Gasturbinen
Dr.-Ing. R. Friedrich, Siemens-Schuckert-Werke A.-G., Mülheimer Werk
Möglichkeiten und Voraussetzungen der industriellen Verwertung der Gasturbine

Heft 2:
Prof. Dr.-Ing. Wolfgang Riezler, Universität Bonn
Probleme der Kernphysik
Prof. Dr. phil. Fritz Micheel, Universität Münster,
Isotope als Forschungsmittel in der Chemie und Biochemie

Heft 3:
Prof. Dr. med. Emil Lehnartz, Universität Münster
Der Chemismus der Muskelmaschine
Prof. Dr. med. Gunther Lehmann, Direktor des Max-Planck-Instituts für Arbeitsphysiologie, Dortmund
Physiologische Forschung als Voraussetzung der Bestgestaltung der menschlichen Arbeit
Prof. Dr. Heinrich Kraut, Max-Planck-Institut für Arbeitsphysiologie, Dortmund
Ernährung und Leistungsfähigkeit

Heft 4:
Prof. Dr. Franz Wever, Max-Planck-Institut für Eisenforschung, Düsseldorf
Aufgaben der Eisenforschung
Prof. Dr.-Ing. Hermann Schenck, Technische Hochschule Aachen
Entwicklungslinien des deutschen Eisenhüttenwesens
Prof. Dr.-Ing. Max Haas, Techn. Hochschule Aachen
Wirtschaftliche und technische Bedeutung der Leichtmetalle und ihre Entwicklungsmöglichkeiten

Heft 5:
Prof. Dr. med. Walter Kikuth, Medizinische Akademie Düsseldorf
Virusforschung
Prof. Dr. Rolf Danneel, Universität Bonn
Fortschritte der Krebsforschung
Prof. Dr. med. Dr. phil. W. Schulemann, Univ. Bonn
Wirtschaftliche und organisatorische Gesichtspunkte für die Verbesserung unserer Hochschulforschung

Heft 6:
Prof. Dr. Walter Weizel, Institut für theoretische Physik, Bonn
Die gegenwärtige Situation der Grundlagenforschung in der Physik
Prof. Dr. Siegfried Strugger, Universität Münster
Das Duplikantenproblem in der Biologie
Prof. Dr. Rolf Danneel, Universität Bonn
Über das Verhalten der Mitochondrien bei der Mitose der Mesenchymzellen des Hühner-Embryos
Direktor Dr. Fritz Gummert, Ruhrgas A.-G., Essen
Überlegungen zu den Faktoren Raum und Zeit im biologischen Geschehen und Möglichkeiten einer Nutzanwendung

Heft 7:
Prof. Dr.-Ing. August Götte, Technische Hochschule Aachen
Steinkohle als Rohstoff und Energiequelle
Prof. Dr. e. h. Karl Ziegler, Max-Planck-Institut für Kohlenforschung Mülheim a. d. Ruhr
Über Arbeiten des Max-Planck-Instituts für Kohlenforschung

Heft 8:
Prof. Dr.-Ing. Wilhelm Fucks, Technische Hochschule Aachen
Die Naturwissenschaft, die Technik und der Mensch
Prof. Dr. sc. pol. Walther Hoffmann, Universität Münster
Wirtschaftliche und soziologische Probleme des technischen Fortschritts

Heft 9:
Prof. Dr.-Ing. Franz Bollenrath, Technische Hochschule Aachen
Zur Entwicklung warmfester Werkstoffe
Dr. Heinrich Kaiser, Staatl. Materialprüfungsamt Dortmund
Stand spektralanalytischer Prüfverfahren und Folgerung für deutsche Verhältnisse

Heft 10:
Prof. Dr. Hans Braun, Universität Bonn
Möglichkeiten und Grenzen der Resistenzzüchtung
Prof. Dr.-Ing. Carl Heinrich Dencker, Universität Bonn
Der Weg der Landwirtschaft von der Energieautarkie zur Fremdenergie

Heft 11:
Prof. Dr.-Ing. Herwart Opitz, Technische Hochschule Aachen
Entwicklungslinien der Fertigungstechnik in der Metallbearbeitung
Prof. Dr.-Ing. Karl Krekeler, Technische Hochschule Aachen
Stand und Aussichten der schweißtechnischen Fertigungsverfahren

Heft: 12
Dr. Hermann Rathert, Mitglied des Vorstandes der Vereinigten Glanzstoff-Fabriken A.-G., Wuppertal-Elberfeld
Entwicklung auf dem Gebiet der Chemiefaser-Herstellung
Prof. Dr. Wilhelm Weltzien, Direktor der Textilforschungsanstalt Krefeld
Rohstoff und Veredlung in der Textilwirtschaft

Heft: 13
Dr.-Ing. e. h. Karl Herz, Chefingenieur im Bundesministerium für das Post- und Fernmeldewesen Frankfurt a. Main
Die technischen Entwicklungstendenzen im elektrischen Nachrichtenwesen
Ministerialdirektor Dipl.-Ing. Leo Brandt, Düsseldorf
Navigation und Luftsicherung

Heft 14:
Prof. Dr. Burckhardt Helferich, Universität Bonn
Stand der Enzymchemie und ihre Bedeutung
Prof. Dr. med. Hugo W. Knipping, Direktor der Med. Universitätsklinik Köln
Ausschnitt aus der klinischen Carcinomforschung am Beispiel des Lungenkrebses

Heft 15:
Prof. Dr. Abraham Esau, Technische Hochschule Aachen
Die Bedeutung von Wellenimpulsverfahren in Technik und Natur
Prof. Dr.-Ing. Eugen Flegler, Technische Hochschule Aachen
Die ferromagnetischen Werkstoffe in der Elektrotechnik und ihre neueste Entwicklung

Heft 16:
Prof. Dr. rer. pol. Rudolf Seyffert, Universität Köln
Die Problematik der Distribution
Prof. Dr. rer. pol. Theodor Beste, Universität Köln
Der Leistungslohn

Heft 17:
Prof. Dr.-Ing. Friedrich Seewald, Technische Hochschule Aachen
Die Flugtechnik und ihre Bedeutung für den allgemeinen technischen Fortschritt
Prof. Dr.-Ing. Edouard Houdremont, Essen
Art und Organisation der Forschung in einem Industriekonzern

Heft 18:
Prof. Dr. med. Dr. phil. W. Schulemann, Universität Bonn
Theorie und Praxis pharmakologischer Forschung
Prof. Dr. Wilhelm Groth, Direktor des Physikalisch-Chemischen Instituts, Universität Bonn
Technische Verfahren zur Isotopentrennung

Heft 19:
Dipl.-Ing. Kurt Traenckner, Stellvertr. Vorstandsmitglied der Ruhrgas-A.G., Essen
Entwicklungstendenzen der Gaserzeugung

Heft 20:
M. Zvegintzov
Wissenschaftliche Forschung und die Auswertung ihrer Ergebnisse. Ziel und Tätigkeit der National Research Development Corporation
Dr. Alexander King, Department of Scientific & Industrial Research, London
Wissenschaft und internationale Beziehungen

Heft 21:
Prof. Dr. phil. Robert Schwarz, Aachen
Wesen und Bedeutung der Silicium-Chemie
Prof. Dr. Kurt Alder, Universität Köln
Fortschritte in der Synthese von Kohlenstoffverbindungen

Heft 21 a
Jahresfeier der Arbeitsgemeinschaft für Forschung des Landes Nordrhein-Westfalen am 21. 5. 1952 in Düsseldorf mit Ansprachen des Herrn Bundespräsidenten Professor Dr. Theodor Heuss, des Herrn Ministerpräsidenten Arnold, Frau Kultusminister Teusch, der Herren Professor Dr. Hahn, Professor Dr. Strugger, Vizepräsident Dobbert, Professor Dr. Richter, Professor Dr. Fucks.

Heft 22:
Prof. Dr. Johannes von Allesch, Universität Göttingen
Die Bedeutung der Psychologie im öffentlichen Leben
Prof. Dr. med. Otto Graf, Max-Planck-Institut für Arbeitsphysiologie, Dortmund
Triebfedern menschlicher Leistung

Heft 23:
Prof. Dr. phil. Dr. jur. h. c. Bruno Kuske, Universität Köln
Probleme der Raumforschung
Prof. Dr. Dr.-Ing. e. h. Prager
Städtebau und Landesplanung

Heft 24:
Prof. Dr. Rolf Danneel, Universität Bonn
Über die Wirkungsweise der Erbfaktoren
Prof. Dr. K. Herzog, Medizinische Akademie Düsseldorf
Bewegungsbedarf der menschlichen Gliedmaßengelenke bei der Berufsarbeit

Heft 25:
Prof. Dr. O. Haxel, Heidelberg
Energiegewinnung aus Kernprozessen
Dr. Dr. Max Wolf, Düsseldorf
Gegenwartsprobleme der energiewirtschaftlichen Forschung

Heft 26:
Prof. Dr. Friedrich Becker, Universität Bonn
Ultrakurzwellen aus dem Weltraum, ein neues Forschungsgebiet der Astronomie
Dozent Dr. H. Straßl, Bonn
Bemerkenswerte Doppelsterne und das Problem der Sternentwicklung

Heft 27:
Prof. Dr. Heinrich Behnke, Universität Münster
Der Strukturwandel der Mathematik in der ersten Hälfte des 20. Jahrhunderts
Prof. Dr. E. Sperner, Bonn
Eine mathematische Analyse der Luftdruckverteilungen in großen Gebieten

Heft 28:
Prof. Dr. O. Niemczyk, Aachen
Die Problematik gebirgsmechanischer Vorgänge im Steinkohlenbergbau
Prof. Dr. W. Ahrens, Krefeld
Die Bedeutung geologischer Forschung für die Wirtschaft, besonders in Nordrhein-Westfalen

Heft 29:
Prof. Dr. B. Rensch, Münster
Das Problem der Residuen bei Lernleistungen
Prof. Dr. H. Fink, Köln
Über Leberschäden bei der Bestimmung des biologischen Wertes verschiedener Eiweiße von Mikroorganismen

Heft 30:
Prof. Dr.-Ing. F. Seewald, Aachen
Forschungen auf dem Gebiete der Aerodynamik
Prof. Dr.-Ing. K. Leist, Aachen
Forschungen in der Gasturbinentechnik

Heft 31:
Direktor Dr. F. Mietzsch, Wuppertal
Chemie und wirtschaftliche Bedeutung der Sulfonamide
Prof. Dr. G. Domagk, Wuppertal
Die experimentellen Grundlagen der Chemotherapie der bakteriellen Infektionen

Heft 32:
Prof. Dr. Hans Braun, Universität Bonn
Die Verschleppung von Pflanzenkrankheiten und -schädlingen über die Welt
Prof. Dr. Wilhelm Rudorf, Max-Planck-Institut für Züchtungsforschung, Voldagsen
Der Beitrag von Genetik und Züchtung zur Bekämpfung von Viruskrankheiten der Nutzpflanzen

Heft 33:
Prof. Dr.-Ing. V. Aschoff, Aachen
Probleme der elektroakustischen Einkanalübertragung
Prof. Dr.-Ing. H. Döring, Aachen
Erzeugung und Verstärkung von Mikrowellen

Heft 34:
Geheimrat Prof. Dr. Rudolf Schenck, Aachen
Bedingungen und Gang der Kohlenhydratsynthese im Licht
Prof. Dr. Emil Lehnartz, Universität Münster
Die Endstufen des Stoffabbaus im Organismus

Heft 35:
Prof. Dr.-Ing. H. Schenk, Aachen
Gegenwartsprobleme der Eisenindustrie in Deutschland
Prof. Dr.-Ing. E. Piwowarsky, Aachen
Gelöste und ungelöste Probleme des Gießereiwesens

Heft 36:
Prof. Dr. W. Riezler, Bonn
Teilchenbeschleuniger
Prof. Dr. med. G. Schubert, Hamburg
Anwendung neuer Strahlenquellen in der Krebstherapie

Heft 37:
Prof. Dr. F. Lotze, Münster
Probleme der Gebirgsbildung
Bergwerksdirektor Bergassessor a. D. Rauschenbach, Essen
Die Erhaltung der Förderungskapazität des Ruhrbergbaues auf lange Sicht

Heft 38:
Dr. E. C. Cherry, D. Sc., A.M.I.E.E., London
Cybernetics
Prof. Dr. E. Pietsch, Clausthal-Zellerfeld
Dokumentation und mechanisches Gedächtnis — zur Frage der Ökonomie der geistigen Arbeit

Heft 39:
Dr. H. Haase, Hamburg
Infrarot und seine technischen Anwendungen
Prof. Dr. A. Esau, Aachen
Die Bedeutung des Ultraschalls für technische Anwendungsgebiete

Heft 40:
Bergassessor F. Lange, Bochum-Hordel
Die wissenschaftliche und soziale Bedeutung der Silikose im Bergbau
Prof. Dr. W. Kikuth, Düsseldorf
Die Entstehung der Silikose und ihre Verbreitungsmaßnahmen

Heft 40a:
Prof. Dr. E. Groß, Bonn
Berufskrebs und Krebsforschung
Prof. Dr. H. W. Knipping, Köln
Die Situation der Krebsforschung vom Standpunkt der Klinik und des praktischen Arztes

Geisteswissenschaften

Heft 1:
Prof. Dr. W. Richter, Bonn
Die Bedeutung der Geisteswissenschaften für die Bildung unserer Zeit
Prof. Dr. J. Ritter, Münster
Die aristotelische Lehre vom Ursprung und Sinn der Theorie

Heft 2:
Prof. Dr. J. Kroll, Köln
Elysium
Prof. Dr. G. Jachmann, Köln,
Die vierte Ekloge Vergils

Heft 3:
Prof. Dr. H. E. Stier, Münster
Die klassische Demokratie

Heft 4:
Prof. Dr. W. Caskel, Köln
Lihjan und Lihjanisch. Sprache und Kultur eines früharabischen Königreiches

Heft 5:
Prof. Dr. Th. Ohm, Münster
Stammesreligionen im südlichen Tanganyika-Territorium. — Religionswissenschaftliche Ergebnisse meiner Ostafrikareise 1951

Heft 6:
Prälat Prof. Dr. G. Schreiber, Münster
Deutsche Wissenschaftspolitik von Bismarck bis zum Atomphysiker Otto Hahn

Heft 7:
Prof. Dr. W. Holtzmann, Bonn
Das mittelalterliche Imperium und die werdenden Nationen

Heft 8:
Prof. Dr. W. Caskel, Köln
Die Bedeutung der Beduinen in der Geschichte der Araber

Heft 9:
Prälat Prof. Dr. G. Schreiber, Münster
Iroschottische und angelsächsische Kultureinflüsse im Mittelalter

Heft 10:
Prof. Dr. P. Rassow, Köln
Forschungen zur Reichsidee im 16. und 17. Jahrhundert

Heft 11:
Prof. Dr. H. E. Stier, Münster
Roms Aufstieg zur Weltherrschaft

Heft 12:
Prof. Dr. D. K. H. Rengstorf, Münster
Zum Problem der Gleichberechtigung zwischen Mann und Frau auf dem Boden des Urchristentums
Prof. Dr. H. Conrad, Bonn,
Grundprobleme einer Reform des Familienrechts

Heft 13:
Professor Dr. Max Braubach, Bonn,
Der Weg zum 20. Juli 1944 — Ein Forschungsbericht

Heft 14:
Prof. Dr. Paul Hübinger, Münster
Das deutsch-französische Verhältnis und seine mittelalterlichen Grundlagen

Heft 15:
Prof. Dr. Franz Steinbach, Bonn
Der geschichtliche Weg des wirtschaftenden Menschen in die soziale Freiheit und politische Verantwortung

Heft 16:
Prof. Dr. Josef Koch, Köln
Die Ars coniecturalis des Nikolaus von Cues

Heft 17:
Dr. James B. Conant,
U.S.-Hochkommissar für Deutschland
Staatsbürger und Wissenschaftler
Prof. Dr. D. Karl Heinrich Rengstorf, Münster
Antike und Christentum

Heft 18:
Prof. Dr. Richard Alewyn, Köln
Klopstocks Publikum

Heft 19:
Prof. Dr. Fritz Schalk, Köln
Das Lächerliche in der französischen Literatur des Ancien Regime

Heft 20:
Prof. Dr. Ludwig Raiser, Bad Godesberg
Präsident der Deutschen Forschungsgemeinschaft
Rechtsfragen der Mitbestimmung

Heft 21:
Prof. D. Martin Noth, Bonn
Das Geschichtsverständnis der alttestamentlichen Apokalyptik

Heft 22:
Prof. Dr. Walter F. Schirmer, Bonn
Glück und Ende der Könige in Shakespeares Historien

Heft 23:
Prof. Dr. Günther Jachmann, Köln
Der homerische Schiffskatalog und die Ilias

Heft 24:
Prof. Dr. Theodor Klauser, Bonn
Die römischen Petrustraditionen im Lichte der neuen Ausgrabungen unter der Peterskirche

Heft 25:
Prof. Dr. Hans Peters, Köln
Der Grundsatz der Gewaltentrennung in heutiger Sicht

If you have any concerns about our products,
you can contact us on
ProductSafety@springernature.com

In case Publisher is established outside the EU,
the EU authorized representative is:
**Springer Nature Customer Service Center GmbH
Europaplatz 3, 69115 Heidelberg, Germany**

Printed by Libri Plureos GmbH
in Hamburg, Germany